乡村振兴人才培育系列教材

有机旱作栽培技术

张 利　孙 彬　赵兴红　主编

中国农业科学技术出版社

图书在版编目(CIP)数据

有机旱作栽培技术 / 张利，孙彬，赵兴红主编 . --北京：中国农业科学技术出版社，2024.2

ISBN 978-7-5116-6716-8

Ⅰ.①有… Ⅱ.①张…②孙… ③赵… Ⅲ.①有机农业-旱作农业-农业技术 Ⅳ.①S343.1

中国国家版本馆 CIP 数据核字(2024)第 046586 号

责任编辑 施睿佳 姚 欢
责任校对 王 彦
责任印制 姜义伟 王思文

出 版 者 中国农业科学技术出版社
北京市中关村南大街 12 号 邮编：100081
电 话 (010) 82106631(编辑室) (010) 82106624(发行部)
(010) 82109709(读者服务部)
网 址 https://castp.caas.cn
经 销 者 各地新华书店
印 刷 者 北京地大彩印有限公司
开 本 140 mm×203 mm 1/32
印 张 5.5
字 数 150 千字
版 次 2024 年 2 月第 1 版 2024 年 2 月第 1 次印刷
定 价 26.00 元

版权所有 · 翻印必究

编委会

《有机旱作栽培技术》

主　编　张　利　孙　彬　赵兴红

副主编　王东娟　杨晓雨　王利彬　安爱民　刘建宁　韩晓跃

编　委　陈淑连　王佳骥　闫立伟　查　娜　王　惠　王　毅　胡　蓉　郭甜甜　刘春琳　鲍胜哲　李　琳　李　想　彭羽辰　董　娜　章敏敏

前言

在我国广阔的土地上，旱地面积占据了总耕地面积的一半，形成了独特的旱作农业景观。旱作区地域辽阔、物种繁多、光热资源丰富，为我国提供了丰富多样的粮经特色农产品。在国家粮食安全和农业发展的宏大格局中，旱作农业扮演着举足轻重的角色。

随着时代的发展，旱作农业面临着新的挑战和机遇。为了推动旱作区绿色发展，大力发展有机旱作农业成为新形势下旱作农业的新使命、新任务。本书聚焦旱作区粮油作物、果蔬、中药材等主要作物，详细介绍了近年来推广的旱作节水农业栽培新技术。

本书共分为六章。首先，概述了有机旱作，并详细阐述了有机旱作农业主要技术；其次，以粮油作物、果蔬、中药材为例，分别介绍了有机旱作栽培技术的具体应用；最后，本书还提供了有机旱作农业的典型案例，为实际生产提供参考和借鉴。

本书语言简洁明了、通俗易懂，注重实际操作，旨在为广大农民和基层技术人员提供实用的参考。

由于编者水平有限，加上时间紧迫，书中难免存在不足之处，欢迎广大读者批评指正，共同促进旱作农业的发展。

编　者

2024 年 1 月

目录

第一章 有机旱作概述

第一节 什么是有机旱作农业

一、有机旱作农业的内涵

有机旱作农业又称旱农栽培，是农业上的一种耕作方法。简而言之，就是在半干旱地区（年降水量 255 ~ 762 毫米的地区称半干旱地区；若年降水量在 254 毫米以下，没有灌溉就不能从事种植业的地区称干旱区），通过水土保持、增施有机肥料、种地养地相结合、改革耕作制度、选用优种和科学管理等一系列措施，在雨量不足的条件下，不用灌溉也能使农作物生长良好的科学栽培方法。

有机旱作农业中的“有机”不能简单等同于有机食品中的“有机”，应从绿色高质量发展的角度深刻理解。有机旱作农业的内涵主要包括 3 个方面，即自然环境的生态性、生产方式的绿色化和产品的有机性。

（一）旱作区自然环境的生态性

旱作区大多地处偏远，工业不发达，相比其他地区土壤洁净、水质清洁、空气清新，保存了原始的自然生态，保持了最初的绿水青山。旱作区光热资源较为丰富，年日照时数 2 000~2 800 小时，白天光照强烈，昼夜温差大，有利于农作物光合作用以及营养物质积累，农产品品质优良。水资源是制约旱作区农业发展的限制因子，同时其生态环境较为脆弱，发展有机旱作农业既要重点解决干旱缺水的问题，又要兼顾生态环境建设和保护。

（二）旱作农业生产方式的绿色化

我国旱作农业有着悠久的历史，主要依靠蓄积自然降水和增加有机肥投入，培育农田自然生产能力。可以说，旱作农业具有天然的绿色生产特性。由于西北地区独特的干燥冷凉气候，农作物病虫害发生率低，杀虫剂、杀菌剂、除草剂等农药投入量较低。据 2016 年全国农产品成本收益调查，西北旱作区马铃薯亩均农药成本为 8.96 元，远低于华北地区（40.97 元）和全国平均水平（14.10 元）。在化肥投入上，甘肃省 2016 年亩均化肥用量 16.3 千克（折纯量），比全国亩均 21.9 千克低 25.6%。有机旱作农业就是要充分发挥其生产方式的绿色化特性，把过高的水土资源消耗降下来，把过多的化肥农药投入减下来。

（三）旱作区农产品的有机性

有机旱作农业的有机是“大有机”的概念，是指绿色、营养、健康和产地生态环境良好的农产品。旱作区物种丰富多样，特色鲜明，是谷子、高粱、绿豆、荞麦、莜麦、燕麦、糜子等多种小宗特色作物的主产区。由于生长环境特殊，杂粮一般产量不高，但品质优异，其产品特征表现为自然原生态、绿色无污染。

二、有机旱作范围及耕作方法

有机旱作农业是一个涉及面广、综合性的农业系统工程。因此，首先必须与当地的自然条件、社会经济和农业发展的可能性相适应，采用正确的耕作制度、农业技术，充分利用和发挥当地的农业资源，从旱作农业抗旱的实质出发，做好农田基本建设，山坡上植树种草，修边垒岸，加厚活土层，使水、肥、土不出地，这是旱作核心。其次是培肥土壤，提高地力。在可能的条件下，除增施大量的有机肥料外，实行秸秆还田、间作一季豆科作物或种植绿肥、高温季节割蒿压肥等，不仅能够使作物高产，而且可以增强其抗旱能力。最后是因地制宜选用多种抗旱作物、抗旱优良品种和推广抗旱栽培技术，比如伏雨秋用、秋耕壮垡、地面塑料薄膜覆盖，多中耕、深中耕、高培土以及根据土壤类型和背阳坡调整作物布局，节省旱地用水等，特别是科学利用降雨规律和作物生长规律。

三、有机旱作农业与其他类型农业的比较

（一）有机旱作农业与常规农业

常规农业是以集约化、机械化、化学化和商品化为特点的农业生产体系。常规农业存在以下 3 种问题。第一，农用化学物质在水体和土壤中残留，造成农畜产品的污染，影响了食品的安全性，最终损害人体健康。第二，农业生产中过量依赖化肥增产，忽视或减少了有机肥的应用，使耕地土壤理化性质恶化，致使农产品产量和质量下降。第三，人口不断增长、粮食短缺引发滥垦滥伐和生态环境恶化。第四，随着工业的迅速发展，工业“三废”的大量排放，致使农业环境污染加重，生物和人类食品的安全性进一步受到污染威胁。为了解决这些问题，人们不断地探索选择人与自然、经济与环境协调发展的农业生产新方式。因此，有机旱作农业是为了解决或避免常规农业的问题而发展的一种替代农业方式。

（二）有机旱作农业与传统农业

中国作为世界农业发源地之一，有着数千年悠久的农业发展基础，中国经过时间考验的耕作制度包含着深刻的生态学原理。

我们的祖先积累了丰富的农业生产经验，其中就包括当今人们还在大量采用的病虫草害的物理防治与生物防治措施，把有机废弃物大量地再循环使之变为肥料并通过种植豆科作物和豆谷轮作保持地力的方式。国外的有机旱作农业就是受我国传统农业的启发并在吸取经验的基础上发展起来的。中国农业的这些优良传统沿袭了数千年，除不断充实完善外，到 20 世纪 50 年代基本没有改变。但中国的传统农业并不等于有机旱作农业，其主要区别有以下 3 点。

第一，它们所处的发展阶段不同。传统农业是在常规农业之前，即科技不发达、生产力水平低下的条件下进行的农业生产模式。而有机旱作农业是在常规农业或集约化农业发展之后发展起来的，常规农业在提高劳动生产率、增加农畜产品产量的同时，带来自然资源衰竭、环境污染、生态系统破坏等严重问题，导致农业生态系统自我维持能力降低，有机旱作农业是在人们追寻保持和持续利用农业生产资源的情况下诞生和发展的，是在科学技术进步和工业水平提高的发展阶段进行的农业生产模式。

第二，它们的科学基础不同。有机旱作农业是在吸收传统农业经验的基础上，结合现代科学技术理论，不断总结发展的一种农业生产模式。

第三，它们所处的生产条件不同。有机旱作农业有先进的劳动生产工具和科学技术，特别是现代管理技术的参与使其劳动生产率比传统农业高得多。

所以传统农业是有机旱作农业发展的基础，而有机旱作农业是现代生产技术、管理技术以及新理论支持下的传统农业的升级。

（三）有机旱作农业与生态农业

20 世纪 80 年代，中国等一些发展中国家开始进行生态农业的试点、示范和推广工作，但其与国外的生态农业从内涵和外延上有很大的差异，理论与实践也有很大的不同。中国生态农业的定义是："运用生态学、生态经济学原理和系统工程的方法，采用现代科学技术和传统农业的有效经验，进行经营和管理的良性循环，可持续发展的现代农业发展模式。"国外生态农业的定义是："建立和管理一个生态上自我维持的、低输入的、经济上可行的小型农业系统，使其在长时期不能对其环境造成明显改变的情况下具有最大的生产力。"

从以上定义中可以看出，国外生态农业和中国生态农业有相同之处，但也有很大的区别。相同之处是保护生态环境、争取最大的生产力、保障农产品质量安全。不同之处：一是在控制方法上不同，国外强调低投入，如尽量不用或少用化学肥料、化学农药，而中国强调在保护环境的前提下，进行适量的无公害的农药和化肥的投入；二是在规模上国外强调小型化，而中国的生态农业强调以县为单位或更大规模的生态农业，以便对生态农业建设实施整体调控，提高综合效益；三是国外强调生态环境的稳定不变，中国则重视推行更高层次的新的生态平衡，通过保护和改善生态环境，促进生态系统的良性循环。

由此可见，我国的生态农业不等于有机旱作农业，更不等于传统农业；既不是对"石油农业"的全盘否定，也不是传统农业的完全复归，而是传统农业精华与现代农业科学技术的有机结合。

第二节　有机旱作农业的发展

一、我国有机旱作农业的发展成效

中华人民共和国成立以来，我国有机旱作农业发展经历了传统旱作、探索发展、集成创新、大规模推广等阶段，初步形成了系统的技术体系，取得显著成效，表现为“四个明显”。

（一）旱作技术集成推广明显加快

以传统旱作的精耕细作、抗旱保墒为基础，探索形成针对性强、简便实用的6大技术模式：西北年降水量400毫米以下区域的全膜覆盖集雨沟播技术；西北、华北、西南年降水量400毫米以上区域的半膜覆盖技术；西北绿洲灌区的膜下滴灌水肥一体化技术；河西走廊灌区的垄膜沟灌技术；黄土高原及南方丘陵旱区的集雨补灌技术；东北、华北春旱区的抗旱坐水种技术。技术集成推广促进了旱作区由被动抗旱向主动避灾转变，由广种薄收向高产稳产转变，由传统抗旱向现代节水转变。特别是全膜覆盖、膜下滴灌、水肥一体化等技术的率先突破，走出了一条干旱半干旱地区农业发展的新路子。

（二）有机旱作农业基础条件明显改善

国家加大农业基础设施建设力度，先后实施中低产田改造、新增千亿斤粮食生产能力规划、旱作农业示范基地建设、“节水增粮”行动等重大项目，节水灌溉工程面积达到4.09亿亩（1亩≈667米^2，全书同），基础设施不断完善。“七五”至“十三五”，旱作农业一直被列为国家科技攻关计划，针对不同类型区开展抗旱品种、节水关键技术和配套产品研发，形成较为系统的技术体系。中央财政累计投入100多亿元，建设旱作农业示范区700多个，示范面积1 000多万亩，带动每年单项技术应用面积超过4亿亩次。2021年中央一号文件提出，到“十四五”末期创建500个左右的农业现代化示范区。在建设布局上，统筹考虑区域差异、发展水平等因素，分区分类建设农业现代化示范区。在西北及长城沿线区、青藏高原等生态脆弱地区，创建一批以高效旱作农业为重点的示范区。

（三）旱区农业种植结构明显优化

顺应天时和作物生长规律调整种植结构，压夏扩秋，力求作物生长期和降水期同步。甘肃夏、秋作物比例由 44∶56 调整为 31∶69，陕西在陕北推行压杂扩薯，宁夏中部干旱带大力发展马铃薯和地膜玉米。山西谷子、燕麦、荞麦等小杂粮特色作物种植面积持续增加，产量不断增长。例如，山西 2008 年谷子产量为 6.46 万吨，2022 年增长为 52.8 万吨。在水资源紧缺、生态环境脆弱的“镰刀弯”地区，逐步调减籽粒玉米种植面积 5 000 万亩。在华北地下水超采区调减小麦 200 万亩，推广抗旱品种 2 700 万亩，扩大雨养作物 150 万亩。因水种植、以水定产的种植结构正在形成。

（四）旱区农业综合生产能力明显提升

旱作农业重大技术大面积推广应用，为我国粮食连续增产提供了有力支撑。据统计，采用节水技术粮食亩增产 70～100 千克、亩节本增效 80～140 元，采用节水技术蔬菜水果亩增产 300～500 千克、亩节本增效 600～1 000 元。2022 年，甘肃推广全膜双垄沟播技术 1 525.5 万亩，水肥一体化高效节水技术 391 万亩；全省小麦机械化率首次突破 90%，小麦玉米机收减损 0.675 亿千克。

二、我国有机旱作农业的发展趋势

（一）各种农业技术的集成应用

旱作农业的发展，从主要依靠单项技术的应用，转向旱作农业综合技术体系的开发。旱作农业是一个外延宽广的概念，它主要包括两个方面：一是节水灌溉农业；二是旱地节水农业。目前许多单项节水技术，已经达到了比较成熟的推广应用阶段，并取得了一系列的实际应用效果。今后，一方面，要继续加强对单项技术的开发和推广应用；另一方面，要更多地重视单项节水技术的组装和优化配置，重视节水工程技术和节水农艺技术的结合，因地制宜地加快建立节水农业综合技术体系。节水轮作制度、节水灌溉和管理技术、抗旱高产优质品种的选育、节水栽培技术、集水农业技术，都应是节水农业综合技术体系中不可或缺的重要内容，要充分挖掘其节水潜力。

在创新平台上，针对当前旱作节水农业发展的技术难点和需求，建立合作协作机制，开展旱作节水农业技术的原始创新、集成创新和引进消化吸收再创新，大力推进旱作节水农业技术进步，建立健全旱作节水农业发展的技术支撑体系。在耕作制度上，推进节水型旱作制度化，因地制宜地选用农作物抗旱新品种，减少和淘汰高耗水品种。改革耕作制度，在适宜地区推广保护性耕作技术，深化旱作农业种植制度改革，调整种植结构，发展特色种植、养殖业以及其他产业，促进旱作农业结构调整和农村经济发展。建立高效种植模式，提高农业产出和效益。因地制宜地发展水旱轮作技术，大幅度提高水资源利用率。

（二）现代农业设备的开发与应用

无论旱作农业发展方式如何转变，都离不开现代物质装备。完备的物质装备条件是现代农业的基本特征。面对农村劳动力结构快速变化的现状，应着力提高旱作农业发展的机械化水平，重点加强农田基本建设、土壤改良、地力培肥、节水补灌、抗旱播种及植保施肥等方面机械的推广应用，改善生产手段，促进农机装备与农艺技术的有机结合，充分挖掘降水、耕地、良种和肥料等核心要素的生产潜能。加快推进农业机械化发展，已成为推动现代农业规模经营、保障农产品有效供给、解决今后“谁来种地、怎样种地”问题的战略抉择。发展重点是提灌、植保等抗灾型机械，耕作、播种、脱粒、加工及运输等劳（畜）力替代型机械，化肥深施、节水灌溉等节本增效机械。旱作农业农机化发展应定位于引进推广中小型农机具。要结合实际和农民需求，集中有限的资金和财力，选准主要作物和关键环节，逐个突破，扩大农机装备总量。一是大力发展农机合作社、农机大户，整合农机资源，形成“一户购机、多户使用”的合作共用机制，培育以农机手为主的新型职业农民，推广机械化种地。二是建立农机农艺协作互动机制，建立农机农艺融合示范推广基地，建立农机产业联盟。三是重点向开展水稻机插秧、油菜机收等关键、薄弱机械化环节生产的农机合作社、农机大户发放农机作业补贴，调动农民使用农机的积极性，降低种粮大户、农机大户的经营风险。

（三）有机旱作的经营主体发生变化

新型农业经营主体掌握集中连片的土地、大型农机具、资金等现代农业生产要素，具有经营头脑和市场意识，是发展现代农业的主力军和引领者。旱作农业技术的采用，往往要求农业规模化种植、企业化经营和商业化发展。要加快农业组织形式的创新，借此为旱作农业的发展创造条件。在节水农业技术体系的选择上，要重视适合干旱地区的实际情况，不能盲目追求其现代化。同时，加大对新型农业经营主体的培训力度，包括向其传授现代农业科技知识、产加销经营思想和市场理念。建立健全相关政策，为新型农业经营主体的发展提供服务。给予新型农业经营主体贷款、贴息贷款等支持，允许新型农业经营主体承担部分财政项目。加快培育新型经营主体，根据新型经营主体的不同特性，加强分类指导，不断提升专业大户、家庭农场、农民合作社和农业产业化龙头企业等新型经营主体的自身实力和发展活力。

（四）土地经营更趋规模化

目前，旱作农业经营方式由以兼业化的分散经营为主向专业化的适度规模经营转变。土地规模经营发展速度要与当地二、三产业发展水平和农村劳动力转移程度相适应。同时，要积极发展合作经济，扶持发展规模化、专业化、现代化经营，着力构建市场和农民间的多形式载体，提高农业生产经营的组织化程度。加快发展社会化服务，为土地的适度规模经营提供保障。增强农业公益性服务能力，在拓展服务领域、丰富服务内容、提高服务能力上下功夫，提升基层农技推广、病虫害防控、农产品质量安全监管等公益性服务水平和质量。大力发展农业经营性服务，培育壮大专业服务公司、专业技术协会、农民经纪人和龙头企业等各类社会化服务主体，鼓励支持其参与良种示范、统防统治、沼气维护和信息提供等农业生产性服务，加强农业社会化服务市场管理。

第三节　有机旱作农业发展的意义及关键技术

一、有机旱作农业发展的意义

有机旱作农业强调利用自然规律和生态循环来维持和提高农业生产效率。这种农业模式具有许多重要的意义，包括提高农业生产效率、保护生态环境、改善土地质量、提高产量等方面。

（一）有机旱作农业有助于提高农业生产效率

通过合理的耕作、轮作和施肥等措施，有机旱作农业能够维持土壤的肥力和生物活性，提高农作物的生长和繁殖速度，从而实现单位面积内的更高产量。此外，有机旱作农业还注重利用自然条件和生态循环，通过引入有益的生物和植物来控制病虫害，减少化学农药的使用，从而降低生产成本，提高农业生产的经济效益。

（二）有机旱作农业有助于保护生态环境

常规的农业生产方式往往会导致土壤退化、水源污染、生物多样性丧失等问题，而有机旱作农业则注重生态平衡和自然保护。通过维持土壤的有机质和生物活性，有机旱作农业能够增强土壤对水分的保持能力，减少水土流失，同时也有助于减少化肥和农药对水源和生态系统的污染。

（三）有机旱作农业有助于改善土地质量

在有机旱作农业中，通过合理的耕作和轮作制度，可以增加土壤的透气性和水分的渗透性，从而提高土地的质量和产量。同时，有机旱作农业还注重利用天然的有机物质和生物肥料来替代化学肥料，这有助于增加土壤的有机质含量、改善土壤结构和提高土壤肥力。

（四）有机旱作农业有助于提高产量

通过维持土壤的肥力和生物活性，有机旱作农业能够为农作物提供更适宜的生长环境，从而提高农作物的生长速度和繁殖能力。同时，有机旱作农业还注重利用天然的有机物质和生物肥料来替代化学肥料，这有助于提高农作物的营养价值和口感。

二、有机旱作农业的技术措施

（一）保持土壤水分

保持土壤水分是有机旱作农业的核心要素。在干旱地区，水分是制约作物生长发育和产量的关键因素。因此，保持土壤的水分非常重要。干旱地区的土壤多数属于高渗透性、低保水能力的砂质土壤。要想保持土壤水分，可以采取以下技术措施。

1. 农作物间种植植被

如在玉米、辣椒等作物间种植绿肥植物，能够保持土壤水分，防止水分蒸发。

2. 定植耐旱植物

通过深挖井或水渠引水，种植耐旱植物。此技术能够充分利用雨水或地下水资源，并通过周围周转的植物与土壤互动，达到土壤保水的目的。

3. 垄作栽培

垄作栽培可使土壤吸水保水能力增强，减少水分流失。

（二）选择适宜的播期

选择适宜的播期可以使作物生长发育更加健康，减少不必要的水分和养分的浪费。选择播期，应考虑气温、降水、光照等诸多因素影响。在阳光充足、气温适宜的时候进行播种，效果会更好。

（三）生物防治

1. 选择适宜的品种

在种植时，应选择适宜该地区的品种，耐旱、耐病、抗虫害的作物品种更容易生长发育、保持生产稳定性。

2. 增强土壤生态系统功能

在进行肥水管理时，应增加有机肥料的使用，增强土壤生态系统功能，促进土壤微生物活动，提高土壤肥力，从而提高作物的抗病虫害能力。

3. 利用天敌和有益微生物

发现、利用天敌和有益微生物来调节土壤和农作物环境，是有机旱作农业中防治病虫害的有效措施。

（四）科学施肥

科学施肥是有机旱作农业的重要环节。明确作物需求，科学合理地施用肥料，既可以提高作物产量和品质，又可以保证生态安全。科学施肥的措施包括以下 3 种。

1. 选择适宜的肥料种类

要根据土壤性质、作物需求等因素选择适宜的肥料种类，有机肥料和矿物肥料都可以达到最佳施肥效果。

2. 适量施肥

在温带和亚热带地区，每公顷（1 公顷 = 10 000 米^2，全书同）作物需要施肥 1 000~1 800 千克，而在干旱地区，每公顷施肥量可以适当减少，为 800~1 300 千克。

3. 合理施用肥料

应该根据作物生长发展的需要，选择适当施用肥料的时间、数量和方法，避免浪费和污染。

综上所述，有机旱作农业的核心要素和技术措施包括保持土壤水分、选择适宜的播期、生物防治和科学施肥等。在实践中应针对当地的自然环境和作物特点，选择适宜和有效的技术措施，从而实现有机旱作农业的高产、高效、高品质的目标。

第二章 有机旱作农业主要技术

第一节 耕作保墒技术

一、耕作保墒技术概述

耕作保墒技术作为干旱缺水地区重要的防旱抗旱措施，通过耕、耙、耱、锄、压等一整套行之有效的土壤耕作措施，改善土壤耕层结构，更好地纳蓄雨水，尽量减少土壤蒸发和其他非生产性土壤水分消耗，为作物生长发育和高产稳产创造一个水、肥、气、热相协调的土壤环境。

耕作保墒包括蓄墒、收墒、保墒3个方面，是干旱缺水地区防旱抗旱的重要措施。主要技术内容包括深耕蓄墒、中耕保墒、耙耱保墒、镇压提墒、水平等高耕作、等高沟垄耕作、聚肥改土耕作、土壤保墒剂等。同时，采取选用抗旱良种、科学施肥、合理轮作等配套措施达到抗旱增产的目的。蓄水保墒技术适用于我国北方冬春初夏干旱发生频率高、降水量相对集中的地区。

二、主要技术措施

（一）深耕蓄墒

1. 深耕技术要领

（1）深耕时间。适时深耕是蓄雨纳墒的关键，深耕的时间应根据农田水分收支状况决定，一般宜在伏天和早秋进行，对于一年一熟麦收后休闲的农田要及早进行伏深耕。

（2）深耕深度。耕翻深度因耕翻工具、土壤等条件而异，应因地制宜，合理确定，一般耕深以 20~22 厘米为宜，有条件的地方可加深到 25~28 厘米，深松耕深度可增加到 30 厘米左右，以遇上一次日降水量 40~50 毫米降水过程而不产生严重径流为宜。深耕有明显的后效，一般可达 2~3 年，因此，同一块地可每 2~3 年进行 1 次深耕。

2. 深耕实现方式

深耕蓄墒可以通过两种途径来实现，即深翻耕和深松耕。

（1）深翻耕。深翻耕一般用有壁犁进行。长期的耕作实践和试验研究表明，深翻耕的作用和效能主要体现在以下 3 个方面。

1）增加降水入渗速度和入渗数量，增加土壤田间持水量 2%~7%，从而提高农田水分利用率和作物耐旱能力。

2）可以打破犁底层，创造深厚的耕作层，促进土壤熟化，增加活土层厚度，使土壤密度降低 0.1~0.2 克/厘米^3，非毛孔隙率增加 3%~5%，从而促进作物根系发育，为利用土壤深层水奠定基础。

3）深耕可以促进根系对土壤肥料的吸收，从而促进植株生长。深翻耕分为伏耕、秋耕和春耕 3 种。

（2）深松耕。松土保墒中的“松土”就是指切断土壤毛细管，堵塞土壤孔隙通道，从而“保墒”——抵制水分沿毛细管上升至地表蒸发和直接经土壤孔隙蒸发。该技术又被现代农业学称作“暄土覆盖法”。深松耕是用无壁犁或松土铲只疏松土层而不翻转土层的一种耕作方式。深松耕既可消灭杂草，翻埋肥料、秸秆，以及减少病虫害等，又不致在操作过程中散失大量的土壤水分，且有利于抢墒及时播种。深松 30 厘米后，一般 30~60 厘米土壤中的储水量比对照增加 8.6%~30.1%，相当于全年多蓄水 80 毫米左右。

深松技术是土壤耕作技术的又一次改革和发展，它是指利用深松铲疏松土壤，加深耕层而不翻转土壤的耕作方法。土壤深松一是可以疏松土壤，打破犁底层，加快降水入渗速度和增加入渗数量；二是可以确保作业后耕层土壤不乱，动土量少，减少由于翻耕后裸露土壤造成的水分蒸发损失，保墒作用强，对农业增产增收和土地资源可持续利用有着十分重要的现实意义。

在中国甘肃、青海等地区的砂田使用卵石来覆盖地表，也能在极度干旱的环境中生产出西瓜、蔬菜等高含水量产品。正宗白兰瓜就出产于砂田。毫无疑问，与石片覆盖、秸秆覆盖、塑料薄膜覆盖相比，深松耕具有同质覆盖的优越性。

（二）中耕保墒

中耕是指在作物生育期所进行的土壤耕作，如锄地、耪地、铲地、趟地等。中耕能有效切断土壤毛细管，从而在耕作层表层形成干土层，减少土壤蒸发。因此，在雨雪天气之后需及时中耕保墒，破除表层板结，减少土壤蒸发。旱地麦田的中耕适宜时期以耕层土壤含水量在 17%以上时进行效果较好，低于 15%时一般效果较差。中耕保墒应掌握好中耕时间、中耕深度等技术要领。

（1）中耕时间。中耕广泛适用于雨前、雨后、地干、地湿各个时期，也可根据田间杂草及作物生长情况确定。

（2）中耕深度。中耕深度应根据作物根系生长情况而定。在幼苗期，作物苗小、根系浅，中耕过深容易动苗、埋苗；苗逐渐长大后，根向深处伸展，但还没有向四周延伸，因此，这时应进行深中耕，以铲断少量的根系，刺激大部分根系的生长发育；当作物根系横向延伸后，再深中耕，就会伤根过多，影响作物生长发育，特别是天气干旱时，易使作物凋萎，本阶段中耕宜浅不宜深。因此，在长期生产实践中总结出“头遍浅，二遍深，三遍培土不伤根”的中耕经验。

（三）耙耱保墒

耙耱是在耕后土壤表面进行的一种耕作技术措施，耙耱的主要作用是使土块碎散、地面平整，形成“上虚下实”的耕作层，纳秋雨保墒以防春旱，并为秋播全苗创造良好的水分条件。翻耕以后土壤松土层加深，大孔隙增多，且湿土层翻至地表，土壤蒸发量急剧增大，尤其秋深耕以后，雨季已过，气温尚高。此时，及时耙耱将能显著减少土壤水分的损失，并能避免在地表形成干土块，为春播奠定基础。秋耕结合施肥并进行耙耱，其保墒效果更好，许多经过秋耕、施肥、耙耱保墒的地块，翌年春季遇旱时只要耙松地表即可播种，比进行春耕施肥要安全得多，其储水保苗的效果将显著增加。耙耱保墒应掌握好耙耱时间、耙耱深度等技术要领。

（1）耙耱时间。耙耱保墒主要在秋季和春季进行。麦收后休闲期伏前深耕后一般不耙，其目的是纳雨蓄墒、晒垡、熟化土壤。但立秋后降雨明显减少，一定要及时耙耱收墒。从立秋到秋播期间，每当下雨后地面出现花白时，就要耙耱一次，以破除地面板结，纳雨蓄墒。一般要反复进行多次耙耱，横耙、顺耙、斜耙交叉进行，耙耱连续作业，力求把土地耙透、耙平，形成“上虚下实”的耕作层，为适时秋播保全苗创造良好的土壤水分条件。秋作物收获后，进行秋深耕时必须边耕边耙耱，防止土壤跑墒。早春解冻土壤返潮期间也是耙耱保墒的重要时期。在土壤解冻达3~4厘米深，昼消夜冻时，就要顶凌耙地，以后每消一层耙一层，纵横交错进行多次耙耱，切断土壤毛细管水运行，使化冻后的土壤水分蒸发损失减少到最低程度。在播种前也常进行耙耱作业，以破除土壤板结，使表层疏松，减少土壤水分蒸发，增加通透性，提高地温，有利于农作物适时播种和出苗。

（2）耙耱深度。耙耱的深度因目的而异，早春耙耱保墒或雨后耙耱破除板结，耙耱深度以 3~5 厘米为宜。耙耱灭茬的深度一般为 5~8 厘米，但在耙茬播种的地块，第一次耙地的深度至少 8 厘米。在播种前几天耙耱时，其深度不宜超过播种深度，以免水分丢失过多而影响种子萌发出苗。

（四）镇压提墒

镇压一般是在土壤墒情不足时采取的一种抗旱保墒措施。镇压后表层出现一层很薄的碎土时是采用镇压措施的最佳时期，土壤过干或过湿都不宜采用。土壤过干或在砂性很大的土壤上进行镇压，不仅压不实，反而会更疏松，容易引起风蚀；土壤湿度过大时镇压，容易压死耕层，造成土壤板结。此外，盐碱地镇压后容易返盐碱，也不宜镇压。

（1）播前播后镇压。播种前土壤墒情太差，表层干土层太厚，播种后种子不易发芽或发芽不好，尤其是小粒种子不易与土壤紧密接触，得不到足够的水分时，就需要进行镇压，使土壤下层的水分沿土壤毛细管移动到播种层上来，以利于种子发芽出苗。

（2）早春麦田镇压。早春经过冻融的土壤，常使小麦分蘖节裸露，进行镇压可使土壤下沉，封闭地面裂缝，既能减少土壤蒸发、防御冻害，又能促进分蘖、防止倒伏。早春麦田镇压一定要在地面稍干燥后在中午前后进行，以免地面板结，压坏麦苗。

（3）冬季镇压。冬季地面坷垃太多太大，容易透风跑墒。为此，在土壤开始冻结前进行冬季镇压，压碎地面坷垃，使碎土比较严密地覆盖地面，以利于冻结聚墒和保墒。

（五）水平等高耕作

水平等高耕作技术是在坡地上采用的一种微集水蓄墒耕作技术，有时也称横坡耕种或等高种植。所有在坡地上的耕种措施如耕翻、播种、中耕等均沿水平等高线进行，这样在耕地上自然形成了许多等高蓄水的小犁沟和作物种植行，可以有效拦截径流，增加降水入渗率，在2°左右的坡耕地上，等高耕作可比顺坡耕作减少径流量51.4%~57.4%，在0~70厘米的土层内，其土壤水分可比顺坡耕种高2.80%~9.60%。

（六）等高沟垄耕作

等高沟垄耕作可起到蓄水、保肥、增产的效果，常见的等高沟垄耕作主要有以下3种形式。

（1）山地水平沟种植法。主要适用于25°以下的坡耕地，可以种植小麦、糜谷、马铃薯等多种作物。它的特点是播种时沿坡地等高线开沟，紧接着施入底肥。陡坡地自上而下进行，行距50~60厘米。缓坡地自下而上进行，行距40厘米。随时开沟随时下籽，小粒种子点在沟内半坡上，马铃薯等大粒种子可播入沟底，采用通行条播，然后再耕一犁进行覆土并及时镇压。覆土深度以不超过6厘米为宜。覆土后要做到沟垄分明，中耕时，结合培土，使原来的沟变为垄、垄变为沟，从而达到拦截雨水的目的。

（2）垄作区田。垄作区田也是一种在坡地上非常有效的蓄水增产耕作方式。在播种时先从坡地下边开始沿水平等高线开犁，向下翻土，将肥料和种子均匀地播在犁沟的半坡上，接着回犁盖土，然后空一犁耕一犁，如此循环往返操作。空犁之处翻土成垄，犁过之处，则成为沟。中耕培土时再将土壅到作物行间，使原来的沟又变成了垄，垄则变成了沟。为避免集水冲毁沟垄，应在各条沟中每隔1~2米筑一个稍低于垄的横土档，即成为垄作区田。试验表明，在同样降水情况下，垄作区田比传统的耕作法（平作）减少径流量77%，马铃薯增产8%~21%，谷子增产77%。但垄作区田不便于进行耙耱保墒，苗期土壤表面蒸发量较大，一般只适于20°以下的坡地和年降水量在300毫米以上的地区。同时应特别注意保墒工作，播种后应及时完成打土块、镇压等工序，以便减少水分散失，利于作物出苗。

（3）平播起垄。平播起垄又称中耕培垄，它是一种采取等高条播的播种方法，出苗后结合中耕除草，在作物根部培土起垄，适宜于20°以下的坡耕地。具体做法是在播种时采取隔犁条播，行距一般50~60厘米，播种后进行镇压。在雨季前结合中耕，在作物的根部培土成垄，每隔1~2米筑一土埂，以防发生横向径流。

（七）聚肥改土耕作

1. 技术要领

聚肥改土耕作又称抗旱丰产沟。进行蓄水聚肥改土耕作时，先将有机肥料和用作底肥的化肥均匀撒到地表，然后在地边先空30~40厘米的空带，再于空带内侧沿水平等高线将30~40厘米宽的表土翻到田块内侧，于表土下再取一锹深（15~20厘米）的生土，置于预留的30~40厘米宽的空带上，以形成地边埂。沟内底土再深翻一锹，然后再将置于内侧的第一条带的表土及其下面的第二条带的表土全部移入第一沟内，这样便完成了第一种植沟；再将第二条带的生土（表土已移入第一沟内）深翻一锹，再从其内侧30~40厘米宽开出第三条带，同样将第三条带的表土移向内侧，将其生土挖出放在第二条带的生土上，形成第一条生土垄；然后将置于内侧的表土及第四条带的表土都移入第三条带的沟内，这样便形成了第二种植沟，依次挖沟培垄。在种植沟内种植高粱、玉米、冬小麦等作物，在生土垄上种植豆科绿肥，具有极显著的蓄水、保土、增产效果。研究结果显示，增产效果一般在 26.7%～131.1%。此外，这种耕作方法集中了表土，加厚了活土层，改良了土壤结构，同时可促进生土熟化，增加土壤养分，从而促进作物的生长发育，从而达到高产稳产的目的。

2. 配套技术

（1）选用良种。因地制宜地选择抗旱优良品种，并做到适时播种。

（2）科学施肥。结合深耕，施足有机肥；结合秋深耕，深施氮肥；根据土壤肥力状况和作物产量水平，确定合理的氮、磷、钾肥比例及施用量；作物生长期间，合理、适时进行土壤追肥或叶面喷肥。

（3）合理轮作。一年一熟区采用小麦、豆类、秋作物轮作方法；二年三熟区采用玉米、小麦复播豆类轮作方式；一年二熟区采用麦后复播夏玉米、谷子、豆类或绿肥轮作方式。

（八）土壤保墒剂

1. 主要功能

大田直播后喷施土壤保墒剂可提高种子出苗率，移栽后喷施可提高幼苗成活率。

由于抑制了土壤水分蒸发，盐分在地表的累积减少，可减轻对农作物的危害。喷施 1 个月后，0～30 厘米土层内含盐量较对照减少 63.3%，0～5 厘米土层内含盐量较对照减少 52.5%。

喷施土壤保墒剂能显著增加土壤温度，有利于植物根系的生长；还可以改善土壤结构，防止水分流失，促进农作物生长，提高作物产量。

2. 技术要点

（1）喷土覆盖。土壤保墒剂需在用水稀释后喷施表土封闭表层土壤孔隙，所以一般用量较大，每公顷全覆盖用量为原液80~100千克，加水5~7倍稀释。喷施前，先少量多次加水而后大量加水至所需浓度，经纱布过滤后倒入喷雾器即可喷施地表。若先用清水将表土喷施湿润后，则更加有利于制剂成膜并节省用量。对于小麦这类条播作物只需喷施播种行，不必对土壤进行全覆盖，也同样能取得好的效果。

(2) 混施改土。将保墒剂和土壤混合，用量一般为干土重的0.05%~0.3%，折合每公顷53~200千克，可促进土壤团粒结构的形成，尤其是对土壤水稳定性团粒结构作用明显，有利于保持水土。

(3) 渠系防渗。用沥青制剂喷于渠床封闭土壤可大大减少水分渗漏损失。在渠系表面或15厘米处喷施沥青制剂，用量为80~110克/米^2，水分渗漏率比对照减少31%~39%。

(4) 灌根蘸根。对于一些育苗移栽作物，除了喷土覆盖外，也可以采用土壤保墒剂乳液直接灌溉，浓度比为1∶10。也可用此浓度乳液蘸根后经长途运输再移栽，可减少水分蒸发，继而提高作物成活率。

3. 适应区域

土壤保墒剂喷施于表土、根系、树干后，可有效封闭地表孔隙，抑制根系、树干水分散失，广泛适用各种地区不同类型的土壤、作物、林木等。

第二节　地膜覆盖保墒技术

一、地膜覆盖技术概述

（一）地膜覆盖技术的产生和发展

塑料薄膜地面覆盖，简称地膜覆盖，是利用厚度为0.01~

0.02毫米聚乙烯或聚氯乙烯薄膜覆盖于地表面或近地面表层的一种栽培方式。它是当代农业生产中比较简单有效的节水、增产措施，已被很多国家广泛应用。日本首先于1948年开始对地膜覆盖栽培技术进行研究，1955年开始在日本全国推广这一技术。法国、意大利、美国、苏联于20世纪60年代开始应用。我国则于1979年由日本引进，现已在我国北方大面积推广应用。尤其在干旱地区的棉花、瓜果和蔬菜等经济作物的种植，都基本采用了地膜覆盖栽培技术。这是一项成功的农业增产技术，是我国“六五”期间在农业科技领域上应用作物种类多、适用范围广、增产幅度大的一项重大科技成果。粮食作物地膜覆盖栽培普遍增产30%左右，经济作物增产达20%~60%。地膜覆盖能改善耕层土壤水、肥、气、热和生物等诸因素的关系，为作物生长发育创造良好的生态环境，已成为干旱地区农业节水增产的一项重要措施。由于覆盖增产的效益显著，因此除早春覆盖外，夏、秋季节也进行覆盖。

（二）地膜覆盖的主要作用

1. 提高地温

土壤水分蒸发需要消耗热能，带走土体的热量，水的汽化热约为2.5焦耳/千克，即蒸发1千克水大约需要消耗2.5焦耳的热能。地膜覆盖可抑制土壤水分蒸发，从而减少热量消耗。在北方和南方高寒地区，春季覆盖地膜，可提高地温2~4℃，增加作物生长期的积温，促苗早发，延长作物生长时间。

2. 保墒与提墒

地膜覆盖的阻隔作用，使土壤水分垂直蒸发受到阻挡，迫使水分作横向蒸发和放射性蒸发（向开孔处移动），这样土壤水分的蒸发速度相对减缓，总蒸发量大幅度下降。同时，地膜覆盖后，切断了水分与大气交换通道，使大部分水分在膜下循环，因而土壤水分能较长时间贮存于土壤中，这样就提高了土壤水分的利用率。地膜覆盖度越大，保墒效果越好。

在自然状况下，当土壤中无重力水存在时，土壤热梯度差的存在使深层水分不断向上移动，并渐渐蒸发。地膜覆盖加大了热梯度的差异，促使水分上移量增加。另外，土壤水分受地膜阻隔而不能散失于大气，就必然在膜下进行“小循环”，即凝结（液化）—汽化—凝结—汽化，这种能使下层土壤水分向上层移动的作用，称为提墒。提墒会促使耕层以下的水分向耕层转移，使耕层土壤水分增加1%~4%。土壤深层水分逐渐向上层集积，可减少灌溉。在干旱地区，覆盖地膜后全生长期可节约用水150~220毫米。

虽然地膜的相对不透水性对土壤起了保墒作用，但也阻隔了雨水直接渗入土壤。一般来讲，地膜覆盖的农田降水径流量比露地土壤增加10%左右，并且随地膜覆盖度的增加而增加。所以，在生产应用时，要根据农田坡度，通过覆盖度来协调径流与土壤渗水的矛盾，覆盖度一般不宜超过80%。同时，地膜覆盖的方式多为条带状，两地膜之间有一定的露地面积。在这一部分土壤上，可用土垒横坡拦截雨水，使水慢慢渗入土壤，协调渗水与径流的矛盾；也可在露地部分覆盖秸秆，既可协调土壤温度，也可减少径流，增强土壤渗水。

3. 改善土壤理化性状

土壤表面覆盖地膜可防止雨滴的冲击。雨滴冲击可造成土壤表面板结，尤其是结构不良的土壤，为不使土壤板结，几乎每一次降雨后都要进行中耕松土。这不仅增加了农业的投资，而且机械耕作及人、畜、田间作业的碾压和践踏，必将破坏土壤结构。

地膜覆盖后即使土壤表面受到速度9米/秒的雨滴冲击也无妨，因为膜下的耕作层能较长期地保持整地时的疏松状态，有效地防止板结，有利于土壤水、气、热的协调，促进根系的发育，保护根系正常生长，增强根系的活力。

地膜覆盖减少了机械耕作及人、畜、田间作业的碾压和践踏，并且地膜覆盖下的土壤，因受增温和降温过程的影响，使水汽膨缩运动加剧。增温时，土壤颗粒间的水汽产生膨胀，致使颗粒间孔隙变大；降温时，又在收缩后的孔隙内充满水汽，如此反复膨胀与收缩，必然有利于土壤疏松，容重减少，孔隙度增大。

地膜覆盖可保墒增温，促进土壤中的有机质分解转化，增加土壤速效养分供给，有利于作物根系发育。

4. 提高光合作用

地膜覆盖可提高地面气温，增加地面的反射光和散射光，改善作物群体光热条件，提高下部叶片光合作用强度，为早熟、高产、优质创造了条件。

5. 减少耕层土壤盐分

地膜覆盖一方面阻止了土壤水分的垂直蒸发，另一方面膜内积存较多的热量，使土壤表层水分积集量加大，形成水蒸气从而抑制了盐分上升。据山西高粱地覆膜试验，覆膜区 0~5 厘米土壤含盐量为 0.046%，不覆膜区为 0.204%，前者含盐量比后者下降了 77.5%。在 5~10 厘米和 10~20 厘米的土层中，覆膜区土壤含盐量则比不覆膜区分别下降了 77.7%和 83.4%。

二、地膜覆盖技术要点

（一）高垄栽培

传统的平畦或低畦覆盖地膜效应较差，对提高覆膜质量、防风、保苗、早熟高产都不利，因此地膜覆盖一般采用高垄或高畦覆膜栽培。高垄或高畦一般做成圆头形，地膜易与垄表面密贴，盖严压实，防风抗风，受光量大，蓄热多，增温快，地温高，土壤疏松透气，水、气、热、肥协调，为种子萌发、幼苗发根生长提供优越的条件。高垄地膜覆盖，土壤温度梯度加大，能促进土壤深层水分沿土壤毛细管上升，供植物吸收利用，温暖湿润的土壤环境，提高了微生物的活性和加速了土壤营养的矿化与释放进程。关于畦或垄的高度，因土坡质地和作物种类而有所不同。一般条件下，以 10～15 厘米为宜。畦或垄过高则影响淌水，不利于水分横向渗透。

（二）选用早熟优质高产品种

地膜覆盖的综合环境生态效应能使多种农作物的生育期提前 10～20 天。如以早熟、高效益为主要目的的各种蔬菜、西瓜、甜瓜、甜玉米等，地膜覆盖后会取得更加早熟的效果；改用中晚熟良种，使成熟期提前并获高产；以高产优质为栽培目的的棉花、玉米等，地膜覆盖后，提前有效生育期，由于增加了总积温和有效积温量，不仅能获得高产、优质，而且能为当地更换中晚熟高产良种提供必要的栽培条件。

（三）覆膜

覆膜的质量是地膜覆盖栽培增产的关键。畦沟或垄沟一般不覆盖地膜，用于接纳雨水和追肥、浇水等行间作业。铺膜前可喷除草剂消灭杂草。覆膜方式有两种。

1. 先覆膜后播种

先覆膜后播种是在整完地的基础上先覆膜，盖膜后再播种。这种方式的优点是能够按照覆盖栽培的要求严格操作，技术环节能得到保证，出苗后不需破膜放苗，不怕高温烫苗，有利于发挥地膜前期增温、保温、保墒等作用。缺点是插后播种孔遇雨容易板结，出苗缓慢，人工点播较费工，并且常因播种深浅不一、覆土不均匀，导致出苗不整齐或者缺苗断垄。

2. 先播种后覆膜

先播种后覆膜是在做好畦的基础上，先进行播种，然后覆盖地膜。这种方式的优点是能够保证播种时的土壤水分，有利于出苗，种子接触土壤紧密，播种时进度快，省工，有利于机械化播种、覆膜；而且还可避免土壤遇雨板结而影响出苗。缺点是出苗后放苗和围土比较费工，放苗不及时容易出现烫苗。

以上两种方式各有利弊，应根据各地的劳力、气候、土壤等条件灵活掌握。

（四）水分管理

地膜覆盖能有效抑制土壤水分蒸发，是以保水为中心的抗旱保墒措施。地膜覆盖的水分管理特点：农作物生育前期，要适当控水，保湿、蹲苗、促根下扎，为整个生育期作物健壮生长打好基础；生育中后期，作物植株高大，叶片繁密，蒸腾量加大，生长发育迅速，此时应及时灌水并结合追肥。地膜覆盖后，水分自土壤毛细管上升到地表，由于地膜阻隔水分多集中在地表面，地表以下常处于缺水状态，所以要根据土壤实际墒情和作物长势及时灌水。

在农作物整个生长期内，地膜覆盖栽培的浇水量一般要比露地减少 1/3 左右。由于地膜覆盖保持了土壤水分，作物生长期的浇水时间应适当推迟，浇水间隔时间应延长。中后期因枝叶繁茂，叶面蒸腾量大，耗水量加大，要适当多浇灌水。浇灌水的方法是在沟中淌水，使水从膜下流入，也可从定植孔往下浇水。

（五）地膜覆盖栽培其他注意事项

（1）覆膜作物根系多分布于表层，对水肥较敏感，要加强水肥管理，防止早衰。

（2）作物生育阶段提早，田间管理措施也要相应提前。

（3）揭膜时间应根据作物的要求和南北方气候条件而定，南方春季气温回升快，多雨可早揭膜，而北方低温少雨地区则晚揭膜，甚至全生长期覆盖。

（4）作物收获后，应将残膜捡净，以免污染农田。

三、覆膜保墒新技术

（一）秋覆膜技术

秋覆膜技术是秋季覆膜春季播种技术的简称，即在当年秋季或冬前雨后土壤含水量最高时，抢墒覆膜，第二年春季再种植作物的一项抗旱节水技术。秋覆膜技术以秋雨春用、春墒秋保为目的。秋覆膜与春覆膜种植相比，延长了地膜覆盖时间，保持了土壤水分，具有蓄秋墒、抗春旱、提地温，以及增强作物逆境成苗、促进增产增收等多种功效，是西北干旱地区一项十分有效的抗旱节水种植新技术。

（二）早春覆膜技术

早春覆膜技术是在当年春季3月上中旬，土壤解冻后，利用农闲季节，抢墒覆膜保墒，适期播种作物的一项抗旱种植技术。该技术与播期覆膜相比，有以下3个方面的显著效果。

（1）增温。早春覆膜比播期覆膜早近1个月的时间，土壤增温快，积温增加多。

（2）增墒。早春覆膜在土壤解冻后立即覆膜，保住了土壤水分，减少了解冻至播期土壤水分的蒸发散失，同时把土壤深层水提到了耕层，为播种创造了良好的墒情条件。

（3）增产。早春覆膜比播期覆膜平均增产10%～12%，水分利用率提高5%～7%。

（三）地膜周年覆盖保水集水栽培技术

在汛期结束、秋种之前进行深耕地，一次施足两季所需的全部肥料。整地后立即起高垄，喷除草剂，覆盖地膜。秋种时在垄沟内播种两行小麦，春季在垄上播种经济作物（如花生等），麦收时高留茬，麦收后灭茬盖沟。下一轮秋种时，实行沟垄换茬轮作。该项技术非常适合我国旱农地区。

周年覆盖栽培技术，在不增加成本的基础上，由于秋覆膜比春覆膜提早6个月盖膜且覆盖率达75%以上，垄与沟形成一个小型集流区，使垄面降水向沟内集中，变无效雨为有效雨，小雨变大雨，减少水分蒸发30%~50%，年集雨节水达240毫米，起到伏水春用、春旱秋抗的作用；同时，对于防止土壤板结、提高土壤养分供应、抑制盐分上升等也有明显作用。据潍坊市农业农村局农技站试验，此种方法可使小麦平均增产30%，套种的花生增产15%~30%。

（四）全膜双垄沟播技术

全膜双垄沟播技术是在起垄时形成一大一小两个弓形垄面，小垄宽40厘米、高15厘米，大垄宽70~80厘米、高10厘米，大、小垄中间为播种沟，起垄后用宽为120~130厘米、厚度为0.008毫米地膜全地面覆盖，膜间不留空隙，沟内按株距打扎点播，大、小垄面形成微型集雨面，充分接纳降水和保墒。

该技术已在全国6省区得到推广，主要优点：一是起垄覆膜后形成集雨面和种植沟，使垄、沟两部分降水叠加于种植沟，使微雨变成大雨，就地从种植孔渗入作物根部，使作物种植区水分增加一半以上；二是全面覆盖地面，切断了土壤与大气的交换通道，最大限度地抑制了土壤表面水分的无效蒸发损失，从而降低了土壤蒸发量，将降水保蓄在土壤中，供作物生长利用，达到雨水高效利用的目的；三是由于全膜覆盖，白天地面升温快，晚间温度下降缓慢，满足幼苗前期对温度高的需求，使作物出苗早、苗齐、苗壮，出苗后生长迅速，生育进程加快，前期比常规覆膜生育期提前一个生育进程。

全膜双垄沟播技术，同常规覆膜相比，在覆盖方式上由半膜覆盖变为全膜覆盖，在种植方式上由平铺穴播变为沟垄种植，在覆盖时间上由播种时覆膜变为秋覆膜或顶凌覆膜，从而形成了集地膜集雨、覆盖抑蒸、垄沟种植于一体的抗旱保墒新技术。该技术在我国北方干旱地区具有很大的推广价值。据初步估算，西北地区有 3 000 万亩旱地适宜推广全膜双垄沟播技术。

第三节　秸秆覆盖保墒技术

一、秸秆覆盖保墒技术概述

秸秆覆盖是指利用农业副产品如茎秆、落叶、糠皮等或以绿肥为材料进行的地面覆盖，一般采用麦秸和玉米秸。秸秆覆盖可以起到保墒、保温、促根、抑草、培肥的作用。将作物秸秆整株或铡成 3~5 厘米的小段，均匀铺在作物行间和株间。覆盖量要适中，覆盖量过少起不到保墒增产作用；覆盖量过大，可能发生压苗、烧苗现象，并且影响下茬播种。每亩覆盖量约 400 千克，以盖严为准。秸秆覆盖还要掌握好覆盖期，覆盖前要先将秸秆翻晒，覆盖后要及时防虫除草。

二、麦田秸秆覆盖

（一）旱地麦田休闲期覆盖

（1）适合于 1 年 1 作老茬麦种植区。

（2）小麦收获后及时翻耕灭茬、耙耱，将麦秆铡碎成 5~10 厘米长的小段或用麦糠覆盖，休闲过夏。每亩覆盖 300 千克左右，到下茬小麦播种前翻压入土作底肥。

（3）夏季是降雨集中季节，也是水分蒸发损失量最大的季节，覆盖后可多接纳雨水 20~40 毫米，减少蒸发 30%~50%，大大提高休闲期养地蓄水的效果。下茬小麦产量每亩可提高 50~

100 千克，增产 17%~30%。

（二）小麦全生育期覆盖

（1）适合北方旱地小麦区。

（2）冬小麦播种后至冬前每亩用 200~300 千克麦秸或铡碎的玉米秸秆覆盖麦垄，盖严盖实，直至第二年小麦收获。覆盖秸秆的麦田，应注意适当增加氮肥用量。

（3）生育期秸秆覆盖可明显减少冬、春季土壤水分蒸发损失，每公顷增产 2~6 千克、提高水分利用率 2.25~4.50 千克/（毫米·公顷）。由于覆盖对土壤温度的调节，冬小麦提早返青 4~5 天，晚抽穗 4~6 天，延长了穗分化期，有利于成大穗。

三、玉米整秸秆覆盖

（一）玉米半耕整秸秆半覆盖

1. 适应地区

年均气温大于 8 ℃，年降水量 500 毫米以上，春播玉米连作种植区，各种土壤皆宜，目前在山西东南部应用面积最大。

2. 操作规范

玉米立秆收穗，割秆，同时将秸秆顺行放倒覆盖于垄内，盖 1 垄（60~80 厘米），留 1 垄（不小于 60 厘米），秸秆首尾相压，并隔一段盖一些土，以免被大风刮走。第二年春天在未盖秸秆的空行内正常耕作施肥，盖秸秆的一半免耕，所以叫半耕。播种时靠空行两侧播 2 行玉米，行内正常中耕、追肥等。经过一个夏季高温多雨，覆盖在地表的秸秆基本腐烂。秋收后在未盖秸秆的空行内照上一年方法覆盖秸秆，有秸秆的一半翻耕入土，实行轮换。注意覆盖量要适宜，每亩 500~1 000 千克，玉米亩产籽实 300~500 千克的地块，其秸秆量就地覆盖即可，并且要覆盖均匀、整齐。

3. 配套技术

（1）玉米实行宽窄行播种，秋后覆盖窄行，当年的宽行空着不覆盖，第二年宽行改种窄行，隔年调换。

（2）选用良种，合理密植，使用半精量播种机播种，种植密度较常规种植每亩增加 300~500 株。

（3）病虫害防治。秸秆覆盖地早春地温较低，出苗缓慢，易感黑粉病，应采用种子包衣剂按 1∶50（水）∶500（种子）拌种。田间发现黑穗病和黑粉病植株要及时清除烧掉。

（4）割秆时留茬 15 厘米，防风护秆。也可不割秆，用机械压倒，顺行覆盖。

（5）合理施肥。在当地配方施肥基础上，适当增施 15%~20%的氮肥，促进秸秆腐烂。

（二）玉米免耕整秸秆全覆盖

1. 适应区

年均气温≥8 ℃，春播玉米连作种植区，砂质土壤较好。

2. 操作规范

（1）玉米收获后，不翻耕，不去茬，将玉米整秸秆顺垄割倒或用机具压倒，让秸秆均匀铺在地面，形成全覆盖过冬。

（2）第二年春天播种之前，将覆盖于地表的秸秆隔垄叠加，形成一半覆盖、一半空地，用于播种。

（3）播种行的空地不再耕翻，可选择：①直接用犁开沟施肥，再开沟播种；②撒施肥料，旋耕然后播种；③用免耕播种机，施肥、播种一次完成。如果劳力充沛，或受机具限制，也可一犁开沟，种子与肥料相间点播点施，甚至不开沟，人工点播，株与株之间穴施肥料。

3. 配套技术

（1）化学除草。免耕方式下须用除草剂灭草，在一年生苋菜等杂草占优势的玉米田，用40%莠去津悬浮剂（每亩200毫升），或40%莠去津悬浮剂+72%异丙甲草胺乳油（每亩各100毫升）。在一年生和多年生单、双子叶杂草混杂严重的玉米田用72% 2,4-滴丁酯乳油（每亩100~150毫升）+40%莠去津悬浮剂（每亩200毫升）处理，以上方法每亩兑水40~50千克。

（2）机械播种。免耕操作最好用专用免耕播种机，扒秆、开沟、施肥、下种、覆土等作业一次完成，如中国农业大学研制的2BM-2/3型免耕播种机，以小四轮为动力，由破茬松土器、芯铧式开沟器、“V”形覆盖镇压轮组成，可一次完成推秸、破茬、松土、播种、施肥、镇压等作业。

（3）土壤紧实情况下，播前可深松或旋耕，但不翻耕土壤，以最大可能地保持水分。

（4）适当多施氮肥，促进秸秆腐熟。

（5）选用高产、抗病、抗倒的玉米品种。

（三）玉米整秸秆覆盖的其他形式

以上介绍的玉米半耕整秸秆半覆盖和玉米免耕整秸秆全覆盖，应用时可根据当地情况因地制宜选用。整秸秆覆盖是这一技术的关键，另外还可有其他变化方式。

1. 玉米半耕整秸秆全覆盖

前期与玉米免耕整秸秆全覆盖相同，在播种前扒出空行进行耕翻，不宜免耕的黏性土壤可采用此法。

2. 玉米免耕整秸秆半覆盖

前期操作同半覆盖，盖1垄，留1垄，与半耕不同的是播种前不耕翻，直接用两犁开沟，施肥，播种，或用免耕播种作业。此方法适用于砂性土壤。多年连续免耕半覆盖，新旧秸秆相间存在，也相当于全覆盖。

3. 全耕整秸秆覆盖

玉米成熟后收穗割秆，秸秆清理至田头，耕翻耙整平之后，再将整秸秆搬回，隔行覆盖（盖 67 厘米，空 67 厘米），第二年在空行播种 2 行玉米，或者也可全覆盖，第二年播种前再将秸秆归拢叠加，清理出播种行。

4. 二元覆盖

二元覆盖又称双元覆盖，是在玉米整秸秆覆盖和地膜覆盖的基础上发展而来的，地膜与秸秆配合使用，更具有优越性。二元覆盖有两种形式：一是地膜、秸秆两种材料隔行交错覆盖，相当于全覆盖；二是半覆盖，地膜盖在秸秆之上。近年来在山西东南地区推广应用，收到很好的效果。

四、玉米碎秸秆覆盖

对于年前没有进行整秸秆覆盖的玉米地，或秋季要改种小麦的玉米地及夏播玉米，可将粉碎的麦秸（10~20 厘米）或玉米秸（6~10 厘米）在玉米定苗中耕之后均匀撒在玉米行间，每亩用量 350~500 千克，以保持土壤水分。此方法适合于有效积温 2 800 ℃以上的旱作地区，可增产 10%~15%。

第四节　坡地蓄水保墒技术

一、坡地蓄水保墒技术概述

在构造运动、重力和流水的作用下，岩石和风化碎屑物发生崩塌、滑坡、泥石流和蠕动等，所形成的各种地貌称为坡地地貌。划分坡地类型的方法很多，按坡面纵剖面形态分为上凸形坡、直线坡、下凹形坡和复合型坡；按坡度陡缓可分为若干等级；按坡地上外力作用类型分为重力坡、冲积坡和堆积坡。

分布在 6°~25°山坡上、地面平整度差、跑水跑肥跑土现象突出、作物产量较低的旱地经开垦后称为坡耕地，坡耕地的存在严重制约旱地作物产量的提高。旱区坡耕地“径流”“集流”农业的发展已普遍受到国内外的高度重视，并已取得很多研究成果。

我国大多数地区全年降水分配不匀，多集中在7—9月，冬季和春季干旱严重，再加上坡地坡度大，雨季径流强，蓄水保墒能力弱。因此，采取合理适宜的技术措施，留住天上水，保住地下墒，成为农业生产中亟须解决的技术难题。

二、主要技术措施

根据坡耕地区的气候特点和生产现状，通过截流蓄水种植沟、保护垄（埂）和地膜覆盖相结合，采取耕作、栽培、轮作培肥、蓄水保墒管理，在坡耕地截流蓄水沟耕作技术下，以夏秋作物单种、套种等形式，建立与旱坡耕地截流蓄水保墒，促进农田水分转化效率与大幅度提高农田生产力状况相适应的耕作技术体系。

（一）水保工程技术

通过修筑水平梯田、水平沟、隔坡梯田、鱼鳞坑、丰产沟、反坡梯田、集水面整地等水保工程技术，对原地形特征进行改变，确保使降水实现就地拦蓄入渗，提高雨水利用率。据试验观测，与坡地相比，在年降水量450~500毫米的半干旱地区，其拦蓄功能显著增强：水平梯田增加35~100毫米，隔坡梯田增加25~65毫米，水平沟增加15~57毫米。

（二）水保耕作技术

水保耕作技术主要包括带状间作技术、粮草等高带状轮作技术、等高耕作技术、水平沟耕作技术、沟垄耕作技术、入渗坑渗水孔耕作技术、蓄水聚肥耕作技术等，这些技术的应用在不同程度上起到了拦蓄径流、减少土壤冲刷、提高作物产量的作用。

三、梯田的作用

作为坡地蓄水保墒技术，梯田广泛分布在我国北方、西南山区，其主要作用是保水、保土、保肥、改善农业生产条件、促进农业产业结构调整。

（一）“三保”作用

梯田具有保水、保土、保肥的“三保”作用。据各地水保科研所、站测试资料表明，坡耕地平均每年每公顷流失水量150~320米^3，流失土壤15~75吨，最高达150吨。对比观测结果显示，梯田可拦蓄年径流量的70.7%、年冲蚀量的93%。据有关试验研究表明，每吨流失的土壤中，平均含有机质7千克、全氮0.5千克、全磷1.5千克、全钾20千克左右。坡耕地建成水平梯田后，拦蓄了部分地表径流和天然降水，大大减少了水、土、肥的流失。

（二）改善农业生产条件

坡耕地改建梯田后，显著改善了农业生产条件，为实现农业生产现代化创造了必要条件。据测验，坡耕地建成梯田后，结合耕作培肥，0~30厘米土层中，土壤密度由1.26克/厘米^{3}下降到1.19~1.21克/厘米^3，总孔隙度由53.4%增加到56.1%，毛管孔隙度由39%增加到44.5%，土壤有机质由0.5%增加到1.0%，含氮量从0.03%增加到0.06%，有效磷从10~15毫克/千克增加到15~40毫克/千克；年均土壤含水量增加14.2毫米，0~200厘米内土壤含水量梯田比坡耕地增加62.6毫米，大大提高了抗旱能力。由此可见：①坡耕地建成梯田后，改善了土壤理化性状，提高了田间水分转换效率，可进行高产作物栽培；②由于土地平整，可以推行机械化耕作、节水灌溉、大棚种植等现代农业生产技术。因此，坡耕地改造同农业耕作、土壤培肥等技术的有机结合，能大幅度提高产量，一般比坡耕地增产 50%～100%。

（三）促进产业结构调整

梯田建设的大力推进，促进了土地利用结构和农村产业结构的调整。而且，在调整产业结构、改善农村生产生活条件的同时，在促进农业新兴产业开发和新农村建设等方面也发挥着重要作用。同时，带动了区域全膜覆盖、果园建设、设施农业等农业产业的规模化发展，为实现农村经济的可持续发展起到了积极的推动作用。

第五节　垄沟集水种植技术

一、垄沟集水种植技术概述

垄沟集水种植是在总结各种集水抗旱增产经验的基础上，形成的一项非常有效的抗旱节水种植技术。其技术要点是对旱作农田通过人工或机械作业，构筑沟、垄相间的集水种植带，实行垄上覆盖地膜，沟内种植作物，对自然降水实行时间与空间相结合的有效调控，继而提高雨水利用率，以达到最大限度蓄积雨水、改善土壤水分和生态环境，以及提高水分生产效率的目的。该项技术具有十分显著的抗旱效果，即便是在比较干旱的条件下，也能取得较好的效果，为有效解决干旱、半干旱区作物因水分供给不足而导致的减产问题提供了重要技术手段，在我国西北、华北旱作农业区得到了大量推广应用。

二、垄沟集水种植技术适用范围

垄沟集水种植技术不仅可以用于春小麦、马铃薯、谷子、玉米等春播作物，也可以用于冬小麦生产。在推广垄沟集水种植技术之初，覆膜时间多数选择在春季3—4月随同作物种植一并进行，可有效减少土壤蒸发，保持土壤墒情，为春播作物的播种、出苗提供有利的水分条件。但当遇到上一年秋、冬季雨雪不足时，春季土壤墒情不好，春季覆膜的效果就无从发挥。因此，对降水主要发生在秋季的我国北方地区，实施秋季覆膜，即在秋季雨季结束之后，结合犁地、耙耱等及时进行地膜覆盖，可以显著减少土壤水分蒸发，把雨水很好地保蓄到土壤中，待来年春季种植之时达到秋雨春用之效，为农业生产提供充足的水分供给。

三、垄沟集水种植技术措施

（一）全膜双垄沟播技术

全膜双垄沟播技术是甘肃农技部门经过多年研究、推广利用的一项新型抗旱耕作技术。全膜双垄沟播技术集覆盖抑蒸、垄沟集雨、垄沟种植技术于一体，实现了保墒蓄墒、就地入渗和雨水富集的效果。其特点：①可显著减少土壤水分蒸发，尤其是秋覆膜和顶凌覆膜避免了秋冬早春休闲期土壤水分的无效蒸发，又减轻了风蚀和水蚀，保墒增墒效果显著；②具有显著的雨水集流作用，将微小降雨集流入渗于作物根部，大大提高了自然降水利用率；③可有效增加积温，扩大了种植作物及中晚熟品种的种植区域；④可有效抑制田间杂草，减轻土壤盐渍化危害。

（二）垄膜沟播技术

垄膜沟播技术就是利用垄膜沟播机具进行开沟、起垄，在垄上铺膜、沟内实施深施化肥、精量播种的一种全生育期地膜覆盖栽培技术。该技术将地膜栽培与沟播技术相结合，具有蓄水保墒、集水增水、增加地温、改良土壤的作用。垄膜沟播技术在播前土壤墒情不足时，把地膜当作田间微集水面，使播种后的降水汇聚到种子播种处或作物根部，从而改变降水空间分布，继而提高自然降水利用率，特别是在土壤墒情较差的条件下，可使5毫米左右的微量降水通过垄膜汇聚而变成能使作物种子发芽的有效水，从而显著改善作物水分供给条件，实现抗旱丰产。

第三章 粮油作物有机旱作栽培技术

第一节　小麦有机旱作栽培技术

一、小麦膜侧栽培技术

（一）整地施肥

选择地势平坦、土层深厚、肥力中等以上的旱地。精细整地，使土地达到平整、绵软、疏松、无根茬、无土块、“上虚下实”。实施配方施肥，播前结合浅耕亩施腐熟农家肥 3 000 千克、尿素 20 千克、过磷酸钙 50 千克、硫酸钾 20 千克。

（二）品种选择与种子处理

膜侧小麦应选择抗倒伏、抗旱、抗寒、抗病的中矮秆品种，适宜品种主要有：兰天 26 号、陇鉴 386、中麦 175、兰天 27 号、兰天 17 号、兰天 19 号、兰天 21 号、兰天 091、陇原 034、陇原 061、庄浪 9 号、陇鉴 301、陇鉴 386、陇鉴 101、陇育 4 号、静麦 1 号、静宁 10 号、中梁 24 号等。播前晒种，去杂去劣，进行包衣或用三唑酮拌种。

（三）种植规格

膜侧种植选用宽 35 厘米、厚 0.01 毫米的地膜，亩用量 3 千克。以 55 厘米为一垄带，垄底宽 30 厘米、高 10 厘米，呈圆弧形，保持种植沟宽 25 厘米，小麦行距 20 厘米，要求达到条带一致，地膜两边压实，每隔 3~4 米在膜上压土腰带，以防风揭膜。

（四）适时播种，合理密植

播期应比当地露地小麦播期推迟 5~7 天，亩播量应根据品种不同而调整，以 10~13 千克为宜。覆盖地膜播种后遇雨要及时松土，破除板结。

（五）加强田间管理

小麦播种后 5~7 天要及时用铁耙松土，破除板结，促进出苗，麦苗出土后要做好田间查苗补苗，缺苗在 20 厘米以上的行段需用同一品种催芽补种，过稠的疙瘩苗要进行疏苗。同时要加强地膜保护，确保地膜完好。该技术增温效果明显，小麦返青要比露地栽培早 7~10 天。及早进行顶凌耙耱保墒，浅中耕，保住返浆水。对肥力不足地块，可在拔节期到孕穗期酌情进行追肥，在雨雪前亩撒施尿素 5~8 千克。同时，早春加强麦红蜘蛛、叶蝉等防治，拔节后加强白粉病、锈病、麦蚜等防治，并结合喷施磷酸二氢钾及微肥以获高产。

二、小麦宽幅匀播栽培技术

（一）精细整地

选择土层深厚、土质疏松、土壤肥沃的条田、塬地、川旱地、梯田等平整土地。深耕细耙，耕深 25~30 厘米，打破犁底层，不漏耕，增加土壤蓄水保墒能力。深耕要和细耙紧密结合，做到深、细、平、净，无明暗坷垃，达到“上虚下实”。玉米茬口地应采用旋耕机旋耕后镇压。入冬后耙耱弥补裂缝，早春顶凌耙耱保墒。

（二）科学施肥

做到深施肥、施足肥。一般化肥用量：亩施尿素 22~

26 千克、过磷酸钙 38～63 千克、硫酸钾 9～18 千克。同时，要重施有机肥，每亩 3 000～5 000 千克。

旱地冬小麦全部有机肥、磷肥、钾肥及 2/3 氮肥于播前均匀撒施地面耕翻后作底肥，其余 1/3 氮肥返青期到拔节期作追肥，推广小麦氮肥后移技术。

也可用 10%～20%氮肥作种肥，提倡采用播种施肥一体机分层施肥，种肥层应在播种层下方 2 厘米左右。适宜作种肥的氮素化肥有硝酸铵、硫酸铵、复合肥料等。尿素、碳酸氢铵、氯化铵对种子腐蚀大、不宜作种肥。

（三）精细选种

选用高产、优质、抗逆性强、单株生产力高、抗倒伏、株型紧凑、光合能力强、经济系数高的小麦品种。春小麦品种主要有：定西 38、定西 39、定西 40、陇春 28、宁春 15 号、临麦 32、临麦 33、临麦 34、陇春 32、定西 42、西旱 2 号。冬小麦品种主要有：兰天 26 号、兰天 27 号、兰天 31 号、陇原 034、陇原 031、陇原 061、西峰 27 号、西峰 28 号、庄浪 9 号、陇鉴 301、陇鉴 386、中梁 25 号、泾麦 1 号、静宁 10 号等。播前要选用质量高的种衣剂进行种子包衣。

（四）适度增密，确保亩播量，增加亩穗数

甘肃小麦产区气候冷凉，小麦分蘖少、有效分蘖更少（陇东一般旱塬冬小麦有效分蘖 0.6～0.7 个/株，中部冬小麦有效分蘖 0.2～0.3 个/株，春小麦不足 0.1 个/株），靠主茎成穗。宽幅匀播以后，小麦种子之间距离加大，可以适度增加密度，通过增加亩播量、确保亩穗数。春小麦一般亩播量较当地条播增加 5～6 千克，亩播量 35～40 千克，确保每亩基本苗 45 万～55 万株。冬小麦一般亩播量较当地条播增加 3～5 千克，要通过适度早播增加分蘖、培育壮苗，亩播量 15～20 千克，有些地区还要高些，

确保每亩基本苗30万~40万株。

（五）实行宽幅精准匀播，提高播种质量

要通过扩大播幅、缩小空行来增加行距，实现宽幅精准匀播。目前机型有8厘米、10厘米、12厘米3种播幅。旱地小麦适宜空行距（即两个播幅之间的空当）12厘米，播幅10厘米，行距（行距=播幅+空行距）22厘米。要提早检查宽幅匀播机质量，调试好播种量，严格掌握播种速度（2档速度），播种深度3~5厘米，行距要调一致，不漏播，不重播，地头地边补种整齐。

（六）播后镇压，确保苗全苗壮

播后镇压是提高小麦苗期抗旱能力和出苗质量的有效措施。宽幅匀播机装配有镇压轮，能较好地压实播种沟，实现播种镇压一次完成。

（七）及时防治麦田杂草

分蘖至拔节期亩用72% 2,4-滴丁酯乳油75克，兑水40千克叶面喷雾防除双子叶杂草，于野燕麦3~4叶期，每亩用3%甲基二磺隆可分散油悬浮剂20毫升/亩+表面活性剂60毫升，兑水30千克喷雾防治野燕麦。

（八）氮肥后移，保蘖、增穗、攻粒

在施足基肥的基础上，推广氮肥后移技术。旱地小麦追肥量要达到氮肥总量1/3~1/2，重施拔节肥，在冬小麦返青期到拔节期，采取耧播、遇雨撒施等方式进行追肥，每亩追施尿素10~15千克；小麦抽穗期到扬花期遇雨撒施进行追肥，每亩追施尿素5~8千克。

（九）全程化促化控技术

冬小麦于越冬前15~20天，用吨田宝30毫升，兑水15千克进行叶面喷洒，以壮苗、促根、促分蘖、抗旱、防冻。于小麦拔

节初期，亩用矮壮素 50~100 克，兑水 30 千克进行叶面喷洒，或用吨田宝 30 毫升，兑水 15 千克进行叶面喷洒，促弱转壮、保分蘖、促亩穗数、防止倒伏。小麦扬花期到灌浆期用 0.3%磷酸二氢钾溶液，每亩 30 千克喷施，或用吨田宝 30 毫升，兑水 15 千克进行叶面喷施，提高穗粒数、增加粒重。也可结合“一喷三防”，一次性亩用磷酸二氢钾 100 克+20%三唑酮乳油 50 毫升+抗蚜威或 30%丰保乳油 40 毫升+吨田宝 30 毫升混配叶面喷雾。一般冬小麦喷 3 次，春小麦喷 2 次。

（十）病虫害防治

条锈病、白粉病每亩采用 20%三唑酮乳油 45~60 毫升兑水进行喷雾防治，或用 15%三唑酮可湿性粉剂 50~75 克兑水喷雾，统防统治 2~3 次。麦蚜用 50%抗蚜威可湿性粉剂 4 000 倍液，或用 10%吡虫啉可湿性粉剂 1 000 倍液，或用 3%啶虫脒可湿性粉剂 2 500 倍液兑水喷雾。

（十一）“一喷三防”，统防统治

在小麦生长后期，叶面喷施肥料、杀菌（虫）剂混合液，防病、治虫、补肥，提高产量。从开花后第 10 天开始，酌情进行 1~2 次“一喷三防”，每次相隔 7~10 天。要通过喷施杀菌剂、杀虫剂、植物生长调节剂、微肥、叶面肥等，防病、防虫、防倒伏、防脱肥、防早衰，要做到早预防、早防治，否则会严重影响产量。最好是组织专业机防队进行统防统治，提高药效，降低成本。

（十二）适时抢收，颗粒归仓

完熟期及时机械抢收，以防冰雹危害。秋后降雨较多，不及时收获可能遇到阴雨天气造成穗发芽，影响小麦品质及商品性。因此，要适时收获，防止小麦遇雨穗发芽。

三、小麦全膜覆土穴播栽培技术

小麦全膜覆土穴播栽培技术是全地面平铺地膜+膜上覆土+穴播+免耕多茬种植，改传统露地条播小麦和常规地膜穴播小麦为全地面地膜覆盖+膜上覆土，改传统地膜穴播小麦一年种植一茬为一次覆膜覆土连续种植 3~4 茬（年），改传统小麦的大播量播种为精量播种，改人畜播种为小麦配套穴播机播种，集膜面播种穴集雨、覆盖抑蒸、雨水富集叠加利用和多茬种植等技术于一体，不仅能最大限度地保蓄降水，减少土壤水分的无效蒸发，而且能利用播种穴进行集流，充分接纳小麦生长期的降水。其主要技术参数为：在田间利用地膜全地面覆盖后，再在地膜上均匀覆一层1 厘米左右的土，膜宽 1.2~1.4 米，然后用穴播机在同一幅地膜上同方向穴播小麦，穴距 12 厘米，行距 15~16 厘米，每穴播 8~12 粒，亩播 28 万~42 万粒，并一次覆膜免耕多茬种植。适合在年降水量 300~600 毫米的旱地推广应用，适宜的主要作物有小麦、胡麻、谷子、莜麦、大豆、油菜、青稞和蔬菜等密植作物。

（一）播前准备

1. 选地

选择土层深厚、土质疏松、土壤肥沃、坡度 15°以下的川地、塬地、梯田、沟坝地等平整土地。

2. 整地

前茬作物收获后，深耕晒垡，熟化土壤，接纳降水，耙耱收墒，做到深、细、平、净，以利于覆膜播种。对于玉米茬口地最好采用旋耕机旋耕。

3. 施肥

（1）重施有机肥。由于一次覆膜连续种植 3~4 茬（年），头茬最好视情况多施农家肥，一般亩施 3 000~5 000 千克优质腐熟农家肥。

（2）施足化肥。科学合理调整施肥量，采取重施磷肥、施足氮肥的措施。一般亩施尿素 22 ~ 26 千克、过磷酸钙 38 ~ 63 千克。因 2 茬、3 茬施肥较困难，重施磷肥以起到储备土壤有效磷的作用，全部磷肥、氮肥（或 3/4 以上氮肥）作基肥一次施入。

4. 土壤消毒

地下害虫为害严重的地块，结合浅耕每亩用 40%辛硫磷乳油 0. 5 千克加细砂土 30 千克，拌成毒土撒施，或兑水 50 千克喷施。杂草为害严重的地块，结合浅耕用 50%乙草胺乳油 100 克，兑水 50 千克全地面喷施，喷完后及时覆膜。

5. 地膜选择

选用厚度为 0. 01 毫米、宽度为 120 厘米的抗老化耐候性地膜，每亩用量 8 千克左右。

6. 品种选择

选择抗旱、抗倒伏、抗条锈病等抗逆性强的高产、中矮秆小麦品种。冬小麦品种主要有：兰天 26 号、兰天 27 号、兰天 17 号、兰天 19 号、兰天 21 号、兰天 091、中麦 175、陇原 034、陇原 061、庄浪 9 号、陇鉴 301、陇鉴 386、陇鉴 101、陇育 4 号、中梁 25、中梁 31、天 94-3、长 6878、天选 43 号、平凉 44 号、平凉 45 号、泾麦 1 号、静宁 10 号等。春小麦品种主要有：陇春 27 号、定西 35 号、定西 38 号、定西 41 号、西旱 1 号、西旱 2 号、西旱 3 号。

7. 种子处理

可选用 50%辛硫磷乳油按种子量的 0. 2%，即 50 千克种子用药 100 克，兑水 2 ~ 3 千克拌种，拌后堆闷 4 ~ 6 小时便可播种，可有效防治地下害虫。同时，利用15%三唑酮可湿性粉剂拌种，预防早期条锈病、白粉病。

（二）覆膜、覆土

1. 人工覆膜覆土

（1）全地面平铺地膜。不开沟压膜，下一幅膜与前一幅膜要紧靠对接，膜与膜之间不留空隙、不重叠。

（2）覆膜时地膜要拉紧，以防苗穴错位，膜面要平整，地膜紧贴地面。

（3）膜上覆土厚度1厘米左右。如果覆土过厚，不仅降低降水利用率，也影响播种深度（穴播机的播种深度4~5厘米），播种时易出现浮子或种子播在地膜上，影响出苗，造成缺苗断垄。如果覆土过薄，风吹雨淋会使地膜外露，地膜经阳光暴晒后会自然风化，达不到一次覆膜多茬种植的效果；同时，覆土过薄，压膜不实，容易造成苗孔错位，影响正常出苗，导致大风揭膜、播种孔钻风失墒。

（4）膜上覆土要均匀，薄厚要一致。覆土不留空白，地膜不能外露。

（5）采用方头铁锹在膜侧就地取土，取土时尽量不要挖坑，边取边利用耙耱器整平。每次少量取土，均匀撒开。

（6）覆膜用土必须是细绵土，不能将土块或坷垃覆在膜上，影响播种质量。

2. 机械覆膜覆土

机械覆膜覆土以小四轮拖拉机作牵引动力，实行旋耕、覆膜、覆土、镇压四位一体化作业，具有作业速度快、覆土均匀、覆膜平整、镇压提墒、苗床平实、减轻劳动强度、有效防止地膜风化损伤和苗孔错位等优点，每台每天可完成40亩作业量，作业效率较人工作业提高20倍以上。

技术指标要求：①覆土厚度 1 厘米左右；②两幅膜之间不留空隙，膜上覆土均匀度达到 90%。

（三）播种

1. 播种机调试

不同机型和型号的播种机控制下籽的方式方法不同、下籽的最大量和最小量范围不同。种子装在穴播机外靠齿轮控制排放量的穴播机需调整齿轮大小，种子装在穴播机葫芦头内的穴播机需打开葫芦头逐穴调整排放量。播种机调试应由技术人员指导，以免播种过稀或过密。

2. 播期

比当地常规小麦播期推迟 7~15 天，冬麦区适宜播期为 9 月 25 日至 10 月 10 日。春小麦一般不推迟播期，过早或过迟播种都会影响全膜覆土穴播小麦的增产效果。为了避免覆土板结给出苗造成困难，防止人工放苗现象发生，各地应当在适时晚播的基础上，关注天气预报，尽量避开雨天，在天气晴朗的条件下播种，争取保全苗，为高产稳产奠定基础。

3. 播种规格

播种深度 3~5 厘米，行距 15~16 厘米，穴距 12 厘米，采用宽度为 120 厘米的地膜时每幅膜播 7~8 行。

4. 播种密度

每穴播 8~12 粒，亩播量为 28 万~42 万粒（8~12 千克），但每穴播量应严格考虑分蘖数，冬麦区应扣除分蘖后计算每穴粒数，春麦区可不计算分蘖数。

各地由于水热条件不同，小麦单株分蘖数不同，播种密度不同；早播密度应稍稀些，晚播密度应稍密些；春小麦以主茎成穗为主，应适当加大播量，春小麦亩播量一般 15~20 千克；冬小麦应充分考虑分蘖的因素，适当减少播量，亩播量一般 8~

12 千克。冬小麦：300～400 毫米降水区域，每穴播种 8～9 粒，亩播量 28 万～30 万粒（8～9 千克）；400～500 毫米降水区域，穴距 12 厘米，行距 16 厘米，每穴播种 9～10 粒，亩播量 30 万～35 万粒（9～10 千克）；500～600 毫米降水区域，穴距 12 厘米，行距 16 厘米，每穴播种 10～12 粒，亩播量 35 万～40 万粒（10～12 千克）。

5. 播种方向

同一幅膜上同方向播种，以避免苗孔错位；播种时，步速要均匀，步速太快则下籽太少，而步速太慢则下籽太多。

6. 播种方法

同一幅地膜上先播两边，由外向里播种，既可以控制地膜不移动，又便于控制每幅膜的行数。

7. 注意事项

当土壤较湿时，为了避免播种过浅，应在穴播机上加一个土袋施加压力。

8. 机械播种

技术指标要求：在机引覆膜覆土的基础上，宽 120 厘米的地膜播 8 行，工作行距为 15～16 厘米；地膜破口为 25 毫米×35 毫米，穴距为（12±0.5）厘米；播种深度为 3～5 厘米。

（四）田间管理

1. 前期管理

若发现苗孔错位膜下压苗，应及时放苗封口。膜上覆土可以使土壤免受光照还能有效抑制杂草生长，一般不需要人工除草。

2. 化学防控

全膜覆土穴播小麦易出现旺长，为了有效控制旺长、徒长，预防倒伏，采取喷施矮壮素的办法控制小麦株高。一般在小麦拔节前，喷施 10%多效唑可湿性粉剂，高肥力地区每亩 70 克，中肥力地区每亩 60 克，低肥力地区每亩 50 克。

3. 根外追肥

冬小麦返青后，或春小麦进入分蘖期后，遇雨及时撒施尿素或硝酸铵进行追肥，每亩追施尿素 10～15 千克，或硝酸铵 15～20 千克，促壮、增蘖。当小麦进入扬花灌浆期，用磷酸二氢钾、多元微肥及尿素等进行叶面追肥，补充养分，增强抗旱能力，促进灌浆，增加粒重，提高产量。

4. 病虫害防治

条锈病、白粉病：每亩采用 20%三唑酮乳油 45～60 毫升兑水进行喷雾防治，或用 15%三唑酮可湿性粉剂 8～10 克兑水喷雾，连续统防统治 2～3 次。

麦蚜：用 50%抗蚜威可湿性粉剂 4 000 倍液，或用 10%吡虫啉可湿性粉剂 1 000 倍液，或用 3%啶虫脒可湿性粉剂 2 500 倍液兑水喷雾。

麦红蜘蛛：用 20%哒螨灵可湿性粉剂 1 000～1 500 倍液喷雾。

（五）适时收获

当小麦进入蜡熟末期籽粒变硬即可收获。全膜覆土穴播小麦收获后，要实行留膜免耕多茬种植，收获时一定要保护好地膜。一般采取人工收获，或采用手动小型收割机进行收获。农用运输车辆及机具不能进地，严禁大型联合收割机进地收割、拉运，确保一次覆膜连续种植多茬。旱地春小麦，切忌用手拔麦，要用镰刀或背负式小型收割机割麦，避免破损地膜。

四、小麦全膜双垄沟播一膜两年用栽培技术

（一）保护地膜

在收获全膜双垄沟播玉米时留 15～20 厘米的根茬，或及时

将玉米秸秆砍倒覆盖在地膜上，保护好地膜，不要划破地膜，保护地膜在冬季不遭受大风、人、牲畜等因素的破坏，以防水分蒸发散失。第二年播小麦前 7 天将玉米秸秆运出地块，扫净残留茎叶，用细土封好地膜破损处。

（二）选用良种

选择抗旱、抗倒伏、抗条锈病、高产、优质小麦品种。冬小麦品种主要有：兰天 26 号、兰天 27 号、兰天 17 号、兰天 19 号、兰天 21 号、兰天 24 号、陇原 034、陇原 031、陇原 061、西峰 27 号、西峰 28 号、庄浪 9 号、陇鉴 301、陇鉴 386、中梁 24 号、中梁 25 号、天 94-3、天 863-13、天选 43 号、平凉 44 号、平凉 45 号、静麦 1 号、静宁 10 号等。春小麦品种主要有：陇春 27 号、定西 35 号、定西 38 号、定西 41 号、西旱 1 号、西旱 2 号、西旱 3 号等。

（三）播期和播种密度

可根据当地自然条件从 9 月下旬开始，比露地迟播 8~10 天，比新覆膜小麦早播 5~8 天，采用小麦穴播机进行播种作业，播种时要保持行走速度均匀，土壤墒情好时，每播完一行要及时检查鸭子嘴是否堵塞。可在大垄上播种 5 行，行距 14 厘米，小垄上穴播 2 行，行距 15~20 厘米，每穴点播 8~10 粒，亩保苗 25 万~27 万株。

（四）种子处理

地下害虫易发区，可选用 50%辛硫磷乳油按种子量的 0.2%，即 50 千克种子用药 100 克，兑水 3~5 千克拌种，拌后堆闷 12~24 小时播种。小麦条锈病、白粉病易发区可用 15%三唑酮可湿性粉剂按种子量的 0.2%，即 50 千克种子用药 100 克均匀干拌种子，随拌随播。

（五）田间管理

（1）前期管理。播种后遇雨要及时破除板结，若发现苗孔错位造成膜下压苗，应及时放苗封口，遇少量杂草则进行人工除草。

（2）追肥。冬小麦返青后，遇雨后应及时撒施（或用穴播机穴施）尿素 10～15 千克/亩，以促壮增蘖。小麦进入扬花灌浆期，可用磷酸二氢钾溶液 1～2 克/千克和尿素溶液 10～20 克/千克进行叶面追肥，以补充养分，增强抗旱能力，促进灌浆，增加粒重，提高产量。

（六）病虫害防治

为害小麦的病虫种类繁多，条锈病、白粉病、红黄矮病、全蚀病、麦蚜、麦红蜘蛛、中华鼢鼠及地下害虫常年发生，为害面广，要及时防治。

（1）条锈病、白粉病。条锈病、白粉病发生时每亩采用 20%三唑酮乳油 45～60 毫升兑水 50 千克进行喷雾防治，或用 15%三唑酮可湿性粉剂 750～1 125 克兑水 750 千克进行喷雾防治，统防统治 2～3 次。

（2）麦蚜。发生时用 50%抗蚜威可湿性粉剂 4 000 倍液，或 10%吡虫啉可湿性粉剂 1 000 倍液，或用 3%啶虫脒可湿性粉剂 2 500 倍液喷雾防治。

（3）麦红蜘蛛。用 20%哒螨灵可湿性粉剂 1 000～1 500 倍液喷雾防治。

（4）中华鼢鼠。在中华鼢鼠活动盛期（3 月下旬至 5 月中旬）选用 0.02%溴敌隆毒饵诱杀。

（七）适时收获

当小麦进入蜡熟末期籽粒变硬即可收获。一般采取人工收获，或采用手动小型收割机进行收获。

（八）废旧地膜回收

冬小麦收获后，耙除田间废旧地膜，并注意回收。

五、小麦黑色全膜微垄穴播栽培技术

（一）选地整地

选择地势平坦、土层深厚、土壤肥沃、无石砾的地块，如果选择坡地，坡度小于10°，茬口以豆类、马铃薯、禾本科作物为好。前茬作物收获后，及时深耕灭茬，耕深2厘米以上，并用50%辛硫磷乳油0.5千克/亩拌成毒土或毒砂防治地下害虫。覆膜前最好采用机械旋耕，使土壤细绵疏松，耙耱保墒，整平地面。

（二）配方施肥

全生育期施农家肥3 000~5 000千克/亩、尿素22~26千克/亩、过磷酸钙38~50千克/亩、硫酸钾9~12千克/亩，其中农家肥、磷肥、钾肥和70%氮肥结合播前整地底施，30%氮肥春季追施。也可应用长效氮肥一次性底施，不追施氮肥。

（三）起垄覆膜，打渗水孔

应提前覆膜，纳雨保墒。地膜选用透光率5%以下、厚度0.013毫米、宽度120厘米的黑色地膜，用量10千克/亩，最好采用生物降解膜。

1. 单行垄作

采用简易人工起垄覆膜耙开沟起垄，一个作业带起6个微垄，行距17.8厘米、垄底宽17~18厘米、垄高10厘米；起垄后全地面覆盖地膜，随地膜展开用铁锹在膜上撒土，土随重力自然落在沟内，覆土以能压住地膜为目的，覆土量以沟内3~4厘米为宜，不宜太少或太多，太少则会导致播种时地膜松动，太多则收获后揭膜困难。

2. 双行垄作

采用机械覆膜覆土一次完成，每个作业带起3个宽垄。行距

33 厘米、垄底宽 32~33 厘米、垄面宽 18~20 厘米、垄高 8 厘米。

3. 打渗水孔

最好覆膜打孔一次完成，以利于雨水入渗。也可以直接在地膜卷上用水泥钉打孔，覆膜开始前，在地膜卷上用中等型号的水泥钉打渗水孔，一个开沟犁后横向打 3~4 个小孔，每个小孔相距 1~2 厘米，以保证至少有一个孔与沟对准，地膜卷粗时一周打 2 排孔。为防止渗水孔和沟槽错位，一要起垄覆膜笔直，减少弧形导致的渗水孔和沟槽错位，二要随地膜展开即时覆土，防止地膜移动。

（四）适期播种，保证播量

采用小麦穴播机，在垄上播种，微垄模式每垄种 1 行，宽垄模式每垄种 2 行，播深 3 厘米左右，每亩 2.8 万~3.0 万穴，每穴 12~15 粒，保苗 10~12 株，亩播量 15 千克左右，基本苗达到 30 万株以上。播期应比当地露地适宜播期晚 5~10 天。为保证足墒播种和适期播种，提倡提前覆膜蓄墒，保证适期播种。

（五）品种选择

选择矮秆、耐旱、抗病、丰产品种。适应全膜垄作穴播的小麦品种主要有：兰天 26 号、中麦 175、兰天 27 号、兰天 17 号、兰天 19 号、兰天 21 号、兰天 091、陇原 034、陇原 061、庄浪 9 号、陇鉴 301、陇鉴 386、陇鉴 101、陇育 4 号等。

（六）田间管理

出苗期要对断垄进行及时补苗。小麦返青期可借降雨撒施尿素 5~10 千克。对群体密度大、旺长的麦田，可用 10%多效唑可湿性粉剂 50~60 克，每亩兑水 50 千克在小麦起身前喷雾，预防徒长。

（七）病虫害防治

条锈病、白粉病：每亩采用 20%三唑酮乳油 45~60 毫升兑水进行喷雾防治，或用15%三唑酮可湿性粉剂8～10克兑水喷雾，连续统防统治2～3次。

麦蚜：用50%抗蚜威可湿性粉剂4 000倍液，或用10%吡虫啉可湿性粉剂1 000倍液，或用3%啶虫脒可湿性粉剂2 500倍液兑水喷雾。

麦红蜘蛛：用20%哒螨灵可湿性粉剂1 000～1 500倍液喷雾。

第二节　玉米有机旱作栽培技术

一、旱地春玉米垄沟早播技术

旱地春玉米垄沟早播技术可充分利用早春墒情，达到一播全苗、保证密度、避开伏旱、早熟高产的目的。

（一）精细整地

开沟起垄施肥一体化。在秋深翻的基础上，早春及时顶凌耙耱。硬茬地先浅耕灭茬，随即耙耱保墒。垄距70～90厘米，沟深20～25厘米，开沟深浅一致，垄幅均匀，垄沟端直，开沟、施肥、下种一体化作业，以减少晒墒。一般亩施有机肥3 000～5 000千克，玉米抗旱专用肥40千克（氮、磷、钾总养分为35%）。

（二）种子处理

要求品种纯度98%以上，发芽率90%以上，播前要进行发芽测试和晒种。同时进行种子催芽，将晒后精选的种子，倒入2倍于种子量、60 ℃的水中，搅拌到不烫手，约40 ℃时为止，浸泡12小时，捞出滤干，盛于洁净的塑料袋或瓦盆里，在25～30 ℃的热炕上催芽约24小时，待70%的种子露白时，即可播种。

（三）抢墒早播

当5厘米土层地温连续5天稳定在7℃以上时，即可播种。由于玉米早播，幼苗顶土力较弱，出苗时间较长，应种在湿墒中，覆土厚5厘米左右。亩播量3.5~4.5千克，播后应视墒情进行镇压。覆土前顺沟喷药，防治地下病虫害。

（四）田间管理

玉米出苗后，要及时查苗补苗，3~5叶期间定苗，并浅锄一次。早播玉米株矮、秆壮、穗位低，宜密植。亩产400千克以上田块，亩留苗3 000~3 500株；亩产500千克以上田块，亩留苗3 500~4 500株；亩产600千克以上田块，亩留苗4 500~5 000株。在中后期应该适时中耕，倒沟变垄，追肥培土。7~8叶期，每亩追施尿素10千克左右，并用畜力中耕，进行倒沟变垄。11~13叶期，每亩追施尿素5~7千克，再进行一次人工中耕培土。同时，要加强玉米田间病虫测报，发现病虫害，要及时采取有效措施进行防治。

二、全膜双垄沟播玉米栽培技术

（一）播前准备

1. 选地整地

（1）选地。选择地势平坦、土层深厚、土质疏松、肥力中上、土壤理化性状良好、保水保肥能力强、坡度在15°以下的地块，不宜选择陡坡地、石砾地、重盐碱地等。

（2）整地。一是伏秋深耕，即在前茬作物收获后及时深耕灭茬，翻土整地，耕深达到25~30厘米，耕后要及时耙耱；二是覆膜前浅耕，平整地表，耕深达到18~20厘米，有条件的地区可采用旋耕机旋耕，做到“上虚下实”无根茬，地面平整无坷垃，为覆膜、播种创造良好的土壤条件。

2. 施肥消毒

（1）玉米是需肥较多的高产作物，应加大肥料施用量。一般亩施优质腐熟农家肥 3 000~5 000 千克、尿素 20~30 千克、过磷酸钙 50~70 千克、硫酸钾 15~20 千克、硫酸锌 2~3 千克或玉米专用肥 80 千克，混合后均匀撒在小垄的垄带内。

（2）地下害虫为害严重的地块，整地起垄时每亩用 40%辛硫磷乳油 0.5 千克+细砂土 30 千克，拌成毒土撒施，或兑水 50 千克喷施。每喷完一次覆盖后再喷一次，以提高药效。配制药剂或喷药时，要戴橡胶手套、口罩。杂草危害严重的地块，整地起垄后用 50%乙草胺乳油 100 克兑水 50 千克全地面喷雾，然后覆盖地膜。

3. 起垄覆膜

小垄底宽 40 厘米、垄高 15 厘米，大垄底宽 70 厘米、垄高 10 厘米。

（1）人工起垄覆膜。先用划行器划行，再起垄，用 120 厘米宽的地膜全地面覆盖，两幅膜相接处在大垄中间并覆土，并隔 2~3 米横压土腰带。

（2）人畜力起垄覆膜。在起垄覆膜机进地后，将地膜向后拉出 30~50 厘米，用土压实压平，作业时要保持匀速、直线，在膜上每间隔 2~3 米横压土腰带。

（3）机械起垄覆膜。在拖拉机进入地头后，缓慢放下机具，将地膜从卷轴上拉出 30~50 厘米长的地膜用土压实、压平，在输土槽内预先装入适量的压膜土，开始起垄覆膜，不要过分拉紧地膜，垄沟内覆土不宜过多。覆膜后及时在垄沟内打孔，使雨水入渗。

（4）覆膜时间。①秋季覆膜（10 月下旬至土壤封冻前）：前茬作物收获后，深耕整地、起垄覆膜。此时覆膜能够最大限度地保蓄土壤水分，但是地膜在田间保留时间长，越冬季节管理难度大，秸秆富余的地区可配套应用秸秆覆盖技术。②顶凌覆膜（3月上中旬土壤昼消夜冻时）：早春土壤昼消夜冻时，及早整地、起垄覆膜。此时覆膜保墒增温效果很好，特别有利于发挥该项技术的增产增收优势，而且可有效利用春节刚过、农闲时间劳力充足的有利条件。

4. 种子准备

（1）品种选择。结合当地的自然条件和气候特征，选择株型紧凑、抗逆、抗病性强、适应性广、品质优良、增产潜力大的粮饲兼用型杂交玉米品种。一般海拔 2 000 米以下的区域，选用豫玉 22、承单 20 号、沈单 16 号、富农 1 号、金穗 1 号、酒试 20、金穗 4 号、金穗 5 号、金穗 8 号等中晚熟品种；海拔 2 000~2 200 米的区域，选用金穗 3 号、金穗 7 号、利玛 28、酒单 4 号、农大 3315 等中早熟品种；海拔 2 200~2 400 米的区域，选用利玛 59、新玉 4 号等极早熟品种。

（2）种子处理。要求统一使用包衣种子，对于少数未经包衣处理的，播前必须进行药剂拌种，可用 50%辛硫磷乳油按种子重量的 0.1%~0.2%拌种，防治地下害虫；也可用 20%三唑酮可湿性粉剂或 70%甲基硫菌灵乳油 150~200 克加水 1.5~2.5 千克，拌种 50 千克，防治瘤黑粉病、丝黑穗病等病害。

（二）适期播种

1. 时间

当 5 厘米土层地温稳定通过 10 ℃时为玉米适宜播期，各地可结合当地气候特点确定播种时间，一般在 4 月中下旬。若持续干旱要造墒播种，即采取坐水播种、点浇点灌等抗旱播种措施，为种子萌发出苗创造条件。

2. 播种

采用玉米点播器按适宜的株距破膜穴播，将种子播种在垄沟内，每穴下籽 2~3 粒，播深 3~5 厘米，点播后随手按压播种孔使种子与土壤紧密结合，防止吊苗、粉籽现象发生，并用细砂土、牲畜圈粪或草木灰等疏松物封严播种孔，防止播种孔大量散墒和遇雨板结影响出苗。

3. 合理密植

各地按照土壤肥力状况和降水条件确定种植密度。年降水量 250~350 毫米的地区以 3 000~3 500 株/亩为宜，株距为 35~40 厘米；年降水 350~450 毫米的地区以 3 500~4 000 株/亩为宜，株距为 30~35 厘米；年降水量 450 毫米以上地区以 4 000~4 500 株/亩为宜，株距为 25~30 厘米。肥力较高的地块可适当加大种植密度。

（三）田间管理

1. 苗期管理（出苗—拔节）

玉米苗期是长根、增叶、茎叶分化的营养生长阶段，决定了玉米的叶片和节数。到拔节期，基本上形成了强大的根系，叶片又是地上部分生长的中心。因此，管理的重点是促进根系发育、培育壮苗，达到苗早、苗足、苗齐、苗壮的“四苗”要求。

（1）破土引苗。全膜双垄沟播玉米在春旱时期需要坐水或点浇播种，或者遇雨抢墒播种，不论采取哪种播种方式，覆土后都容易形成一个板结的蘑菇帽，易导致幼苗难以出土或出苗参差不齐，所以在播后一周左右要破土引苗。

（2）查苗、补苗。在苗期要随时到田间查看，发现缺苗断垄要及时移栽，在缺苗处挖土开一小孔，将幼苗放入小孔中，浇少量水，然后用细湿土封住孔眼。

（3）间苗、定苗。应坚持“三叶间、五叶定”的原则，即出苗后 2~3 片叶时，开始间苗，除去病、弱、杂苗；幼苗达到 4~5 片叶时，即可定苗，每穴留苗 1 株，保留生长健壮、整齐一致的壮苗。

（4）打杈。全膜玉米生长旺盛，常常产生大量分蘖，这些分蘖不能形成果穗，只能消耗养分。因此，定苗后至拔节期间，要勤查勤看，及时将分蘖彻底从基部掰掉或割除。

2. 中期管理（拔节—抽雄）

玉米拔节后，茎节间迅速伸长、叶片增大，根系继续扩展，雌穗和雄穗分化形成，由营养生长转向营养生长和生殖生长并进时期。因此，管理的重点是促进叶面积增大，特别是中上部叶片，促进茎秆粗壮敦实。此期要注意防治玉米细菌性茎腐病、顶腐病、瘤黑粉病、玉米螟等，结合病虫害防治喷施磷酸二氢钾等叶面肥和植物生长调节剂。

当玉米进入大喇叭口期，即展开叶达到 10~12 片时，追施壮秆攻穗肥，一般每亩追施尿素 15~20 千克。追肥方法是用玉米点播器或追肥枪在两株距间打孔，深施肥料；或将肥料溶解在 150~200 千克水中，制成液体肥，用壶每孔内浇灌 50 毫升左右。

3. 后期管理（抽雄—成熟）

玉米后期以生殖生长为中心，是决定穗粒数和粒重的时期。管理的重点是防早衰、增粒重、防病虫。保护叶片，提高光合强度，延长光合时间，促进粒多、粒重。若发现植株发黄等缺肥症状时，追施增粒肥，一般以每亩追施尿素 5 千克为宜。

（四）适时收获

当玉米苞叶变黄、叶色变淡、籽粒变硬有光泽，而茎秆仍呈青绿色、水分含量在 70%以上时及时收获。果穗收后搭架或入囤晾晒，防止淋雨受潮导致籽粒霉变，充分干燥待水分含量降至 13%以下后脱粒贮藏或上市销售；除一膜两用外，其余秸秆收获后最好入窖青贮，用作养殖业的良好饲料。

第三节　谷子有机旱作栽培技术

谷子是北方旱作区重要的优质小杂粮，大部分谷子种植区年降水量只有 300~500 毫米，由于长期面临春夏持续干旱的威胁，谷子每亩产量徘徊在 150 千克左右，产量低而不稳，效益低下，影响了农民的种植积极性，种植面积逐年减少。

一、全膜覆盖穴播栽培技术

全膜覆盖穴播栽培技术能够破解因干旱不能适时播种和出苗不齐、苗期土壤水分缺失的瓶颈，非常适宜应用于半干旱、半湿润偏旱地区。

（一）轮作倒茬

谷子不宜连作，原因有 3 点。一是病害严重，特别是谷子白发病，重茬的发病率是倒茬的 3~5 倍，综合发病率可达到 20% 以上。二是杂草严重，“一年谷，三年草”，谷地伴生的谷莠草易造成草荒，覆膜后地温升高更有利于杂草的生长。三是谷子根系发达、吸肥力强，连作会大量消耗土壤中同一营养要素，致使土壤养分失调。覆全膜后土壤水分、土壤温度条件改善，植株生长发育更加强势，要求更好的土壤条件。而通过合理的轮作倒茬能调节土壤养分，恢复地力，减少病虫害的问题。谷子的前茬以豆类作物最佳，小麦、马铃薯、玉米亦是较好的前茬。

谷子轮作方式有：豆类—小麦—谷子；豆类—小麦—马铃薯—谷子；豆类—小麦—玉米—谷子。

在合理轮作选好前茬的同时，要重视选地，把选茬选地有机结合起来。地要选择地势平坦、土层深厚、质地疏松、中上等肥力的地块，才能最大限度发挥全膜覆盖穴播栽培技术的效能。

（二）整地保墒

谷子根系发达，需要土层深厚、质地疏松的土壤，实施全膜覆盖穴播栽培技术的区域干旱少雨，需充分接纳雨水，增强蓄水保墒能力，为覆膜创造良好的土壤条件，因而，需要整好地。应遵循整地的原则：耕深耕透保证根系下扎，打绵耱细，保住地中墒，达到深、细、绵、实（不暄）的要求。

整地的方法采用以适墒耕作为核心的“四墒耕作法”，即早耕深耕多蓄墒，过伏合口保底墒，雨后耙耱少耗墒，冬春打碾防跑墒。“早耕深耕多蓄墒”：早耕深耕是加速土壤熟化，定向培肥土壤的关键措施，通过早耕能疏松土壤，充分蓄积雨水，深耕能较好地解决土壤水、肥、气、热的矛盾，加速熟化土壤，改良土壤结构，增强保水能力，以利于谷子根系下扎，使植株生长健壮，从而提高产量；深耕要做到夏茬地不过伏，秋茬地随收随耕，耕深以24～36厘米为宜，肥沃、土层厚的可耕得深一些，肥力差、土层薄的可耕得浅一些。“过伏合口保底墒，雨后耙耱少耗墒”是通过耙、耱、压等措施，压紧耕层，疏松表土减少蒸发，保住土中墒，以充分发挥土壤水库的蓄水作用。耙耱地是指麦茬地耕后不耱，以晒土熟化，下雨后及时收耱蓄墒，白露时边耕边耱，使之形成“上虚下实”的土壤耕层。秋茬地边耕边耱，碎土保墒，减少土壤水分蒸发，做到地面平整，土块细碎。10月中旬至11月上旬进行秋季全膜覆盖。“冬春打碾防跑墒”是指等待进行早春顶凌覆膜的田块在早春解冻前，土壤水分处于气态水散失阶段初期，及时碾压可起到平地、碎土弥缝，匀墒、保墒和提墒润土的作用，同时为顶凌覆膜创造田面平整的条件。

（三）增施基肥

谷子吸收肥力强，对施肥的反应很好。增施肥料，既是谷子高产的保证，也是提高谷子品质的重要物质基础。在干旱带，谷子均种在旱地上，施肥水平比较低，因此，增施肥料、提高施肥水平是争取谷子高产的重要措施。据测定，每生产 100 千克谷子，一般需要从土壤中吸收氮素 2.5~3.0 千克、磷素 1.2~1.4 千克、钾素 2.0~3.8 千克，氮、磷、钾比例大致为 1：0.5：0.8。施肥要做到增施农家肥，依产量目标要求进行配方施肥，施用肥料基本上作基肥，适当的用于追肥。

基肥又称底肥，包括农家肥和化肥。农家肥以羊粪为主，其次为圈粪、土粪。化肥可用尿素、过磷酸钙、硫酸钾及配方肥、复合肥。农家肥的用量据有关资料报道，亩施肥 0~7 500 千克的范围内，随施肥量的增加，产量相应增加。亩产达到 400 千克以上，亩施入优质农家肥 1 500~2 000 千克、尿素 20~30 千克、过磷酸钙 30~50 千克、硫酸钾 5~10 千克。基肥进行秋施，结合最后一次耕地施入，这样既可达到深施，又利于土肥相融，养分转化好。

（四）适时起垄覆膜

秋季覆膜在当年是 10 月中下旬，早春顶凌覆膜在早春耕作层土壤解冻后（一般是翌年 3 月上中旬）进行。

1. 全膜双垄覆盖

其规格总带宽 110 厘米，大垄底宽 70 厘米、高 10~15 厘米，小垄底宽 40 厘米、高 15~20 厘米。秋季覆膜选用厚度为 0.012 毫米、宽度为 120 厘米的耐候性地膜，在 10 月中下旬覆膜。早春顶凌覆膜选用厚度为 0.01 毫米、宽度为 120 厘米的超薄膜，在早春耕作层土壤解冻后（翌年 3 月上中旬）覆膜。边起垄边覆膜，膜与膜之间不留空隙，两幅地膜相接于大垄面中间，相接处用土压住地膜，每隔 2 米横压土腰带，覆膜 7~10 天后在沟内每隔 50 厘米扎一直径 3 毫米的渗水孔。采用人工或机械覆膜，做到铺平、铺正、捂紧、压严、紧贴地面，达到不跑温、不漏气、风揭不动、草顶不开，若为坡地，则按等高线起垄覆膜，并每隔1.5~2.0米横压土腰带，以防大风揭膜，并能防止土地不平整形成的径流。甘肃省榆中县近年经探索，把规格定为110厘米，形成2个底宽30厘米、高10厘米左右的弓形小垄和1个底宽50厘米、高10~15厘米的弓形大垄，大、小弓形垄中间为集雨沟，每个集雨沟对应2个集雨垄面，增产效果更好。

2. 全膜覆土穴播

选用厚度为0.012毫米、幅宽120厘米的地膜全地面平铺，覆膜要平直，拉紧并压实压严，膜与膜接缝处紧靠且不重叠，覆膜后均匀覆土1厘米左右，墒情好时覆土稍薄一些，春季干旱风沙大，墒情差时覆土厚一些，以防大风揭膜。覆土覆膜后做好田间管理，以防人畜践踏，延长地膜寿命。

在地下害虫严重的地块，覆膜前每亩用40%辛硫磷乳油0.5千克+细砂土30千克拌成毒土撒施，或兑水50千克喷施。杂草严重的地块，起垄后用50%乙草胺乳油100克兑水50千克向地面喷施，喷完一垄后及时覆膜。

（五）选用良种和种子处理

选用良种是经济有效、简便易行的增产措施。采用全膜双垄覆盖膜侧穴播技术种植，地温增加，土壤水分、光照条件改善，使生育期缩短，提前成熟，因此品种应选择抗旱、耐病、耐瘠、品质优、丰产好、比当年露地种植晚熟7~10天的中晚熟品种。经2年在全膜覆盖穴播条件下试验，陇谷6号、陇谷9号、张杂谷3号，表现较好。陇谷6号全生育期157天，比宁谷1号晚熟4天，于9月30日成熟；穗大粒多，穗长比宁谷1号长6.8厘米，小穗数多13.6个，穗粒数多1 138.21粒，千粒重高0.78克，亩产385.75千克，比宁谷1号增产209.39千克，增加118.73%。

种子处理。一是进行晒种，把种子摊在席上，厚度2～3厘米，翻晒2～3天，可提高种子的发芽势和发芽率，然后进行发芽试验，发芽率应在90%以上。二是进行选种和浸种，播前3～5天选择籽粒饱满、纯度和净度≥98%的种子放在浓度150克/千克盐水内，去掉漂在水面上的秕谷、草粒和杂质，然后再将下沉籽粒捞出，用清水冲洗2～3遍，洗去附着在种子表面的盐分和泥浆，最后用磷酸二氢钾500倍液浸种12小时后晾干。盐水选种后，用清水冲洗2～3遍后用35%甲霜灵可湿性粉剂按种子重量的0.3%～0.5%拌种，防治白发病；或用50%多菌灵可湿性粉剂按种子重量的0.5%拌种，防治黑穗病；或用50%辛硫磷乳油按种子重量的0.1%～0.2%闷种3～4小时，防治地下害虫。

（六）适时播种

适时播种是谷子获得高产的重要环节之一，播种过早则出苗缓慢不整齐，易遭晚霜危害，病虫害发生较重，生育期提前，拔节期、孕穗期雨季之前进行，常因干旱造成“胎里旱”“卡脖子旱”，影响穗粒发育形成空壳和秕谷。播种过晚，生育后期易受低温危害。因而适宜的播期是根据品种生育期和当地气候特点灵活掌握。其原则是：播种时的气温能保证谷子的正常发芽出苗，一般土壤耕作层10厘米地温稳定在15 ℃以上。苗期处于干旱少雨季节以利于根系生长；拔节期处于雨季开始，有利于幼穗分化；抽穗期处于降水高峰期；灌浆期处于雨季之后，日照充足，昼夜温差大，有利于干物质积累，成熟期赶在降温霜冻之前。宁南山区、中部干旱带晚霜期一般出现在5月上中旬，早霜期出现在9月下旬至10月上旬，降水在7月、8月、9月3个月，采用全膜双垄膜侧播种技术、全膜覆土穴播技术。采用品种多为中晚熟品种，故播期应安排在4月中下旬为宜，一般在4月20日左右播种。

播种密度：应掌握在常规种植播量的75%~80%为宜。发芽率较高的种子播种密度一般为0.5千克/亩即可，最多不超过0.75千克/亩，故播前种子进行“稀释”处理，即采用与播种品种颜色不同的谷子、糜子或胡麻炒熟后作为稀释物，把种子和稀释物，按1：（2~3）的比例均匀混合播种。每穴5~6粒。

播种深度：谷种细小，不能播得太深，以保证种子种到湿土上为前提，一般3~5厘米。

播种方法：选用穴播机播种。目前尚无谷子专用穴播机。可选用ZBX-2型小麦穴播机种植，其播量可以调节，易于控制播种密度，每穴播种5~7粒。全膜双垄覆盖，用穴播机分别在弓形大垄和弓形小垄两侧点播。全膜覆土穴播，播深3~5厘米，行距40厘米，宽120厘米的带幅播3行。播种时穴播机采用同膜同一方向播种，以减少种植穴和地膜孔错位现象，减少放苗次数。即所铺的相邻两膜去时在前膜上播种，回时在第二膜上播；第二次去时又在第一膜上播，回时又在第二膜上播。播种时要随时检查播种孔，严禁倒推，防止播种孔堵塞造成缺苗断垄。行走速度要均匀适中，以保证穴距均匀和防止损坏地膜。雨后要待膜面水干后播种，以防堵塞播种孔。播后在播种行上用脚轻踩一遍，使种子与土壤密接，以利于出苗和减轻杂草危害。

（七）田间管理

1. 查苗、补苗

播后7~10天要及时补压膜孔，防止串风扯膜，防止人畜践踏地膜，确保地膜完整，充分发挥地膜的增温保墒作用；出苗后要及时放苗，放苗在无风的晴天进行。发现缺苗断垄及时补苗，当发现缺苗断垄15~20厘米的行段，采用相同品种的谷子浸种补种，墒情差的地块要点水补种，务必做到全田谷苗均匀，以保苗全苗齐。

2. 间苗、定苗

当谷子幼苗长出2~3片叶时间苗，每穴留4~5株，当长出5~6片叶时进行定苗，每穴留苗3株，每亩定苗2.2万~3.0万株。进入生长后期，植株根系互相牵制，能有效防止倒伏，称为“三足鼎立”。定苗后要及时在植株根部培土，密封地膜上的种植孔，以利于增温保墒，促进次生根形成，防止后期倒伏。

3. 化工促壮

对群体偏大或长势偏旺的谷田，于谷子拔节期用20%噻虫·高氯氟乳剂30~40毫升/亩兑水20~30千克叶面喷施。

4. 防治杂草

地膜覆盖后仍有部分杂草从播种穴长出或在膜下生长，要及时人工拔除；膜下杂草可采取膜上压土人工踩踏，密封地膜方式进行处理，也可采用化学药剂防治。

5. 追肥

谷子拔节以后茎叶生长迅速，幼穗开始分化，植株进入第一个需肥高峰期，对墒情较好，但肥力不足的田块可根据长势随降水追施尿素8~10千克/亩。抽穗后和开花初期分别用磷酸二氢钾0.15千克/亩兑水40千克叶面喷施2~3次，也可视地力用硼酸30克/亩兑水50千克分别在谷子抽穗期、灌浆期喷施，可起到增粒重、防早衰的作用。

6. 防治病虫害

为害谷子的病虫害主要有地下害虫、玉米螟、黏虫、白发病和黑穗病，成熟期易遭麻雀危害。白发病、黑穗病易发地区，播前应采用70%甲基硫菌灵可湿性粉剂按种子量的0.20%~0.30%拌种防治。防治蛴螬、蝼蛄选用5%辛硫磷颗粒剂0.75千克/亩，在播前土内施药。防治黏虫、谷子钻心虫可用50%辛硫磷乳油

50 克/亩兑水 20～30 千克喷雾，或用 40%辛硫磷乳油 1 000～2 000 倍液喷雾，喷药时力求均匀、周到，田间地头、路边杂草都要喷到；防治蚜虫选用 2.5%溴氰菊酯乳油或 20%氰戊菊酯乳油 1 500～2 000 倍液，安全间隔期 10 天。谷子在成熟过程中要确定专人看护，驱赶麻雀以减少损失。

（八）适时收获

当籽粒变硬、穗子达到本品种成熟时固有颜色即可收获。带秆收割后，拉回晒场悬挂或堆放后熟 10～20 天，使茎叶中的有机物继续向籽粒转移，然后脱粒，以提高千粒重。

（九）废膜回收

谷子收获后要及时清除田间废膜，防止造成土壤污染。

二、旱作谷子渗水地膜栽培技术

（一）播前准备

1. 选地与整地施肥

选择地势平坦、适合谷子机械化作业的地块，避免重茬，一次性施入腐熟农家肥 2 000～3 000 千克/亩作底肥，播前浅耕 10～15 厘米，视墒情及时耙耱，做到地块“上虚下实”。

2. 地膜

根据播种方式，选用幅宽 80～165 厘米的渗水地膜。

3. 品种选择与种子处理

（1）品种选择。选择经国家非主要农作物品种登记且适宜在当地推广种植的品种。

（2）种子处理。用谷子种子专用包衣剂拌种处理。

（二）播种

1. 播期

当 0～10 厘米土层温度达到 10 ℃即可播种，一般在 4 月下旬至5月上中旬。

2. 播种方式

采用谷子覆膜专用播种机，可一膜2~4行。播种器穴距15~20厘米，播种行距30~45厘米。随播种分层施入复合肥（N：P_2O_5：K_2O=15：15：15）10千克/亩。一次性完成开沟、铺膜、覆土、播种、施肥、镇压各环节。

3. 播量

播量为0.2~0.3千克/亩。种植密度7 000~8 000穴/亩，每穴留苗2~3株。

4. 播种深度

播种深度为3.0~4.0厘米。

（三）田间管理

1. 病害防治

田间谷瘟病病叶率达1%~5%时用20%三唑酮乳油1 000~1 500倍液，或12.5%烯唑醇可湿性粉剂1 500~2 000倍液喷雾，间隔7~10天再防治1次。

2. 虫害防治

在粟负泥虫成虫发生高峰期或卵孵化盛期和黏虫3龄期，可用4.5%高效氯氰菊酯乳油1 000~1 500倍液，或12.5%溴氰菊酯乳油1 000倍液，或20%速灭威乳油2 000倍液，或10%吡虫啉可湿性粉剂1 000倍液，任选其一全田喷雾。

3. 杂草防除

在谷子3~5叶期时，抗烯禾啶谷子品种选用12.5%烯禾啶乳油100毫升/亩防治单子叶杂草，加入25%辛酰溴苯腈乳油100毫升/亩防治双子叶杂草，兑水40升喷雾，或采取人工和机械防治田间杂草。

（四）收获、贮藏

在90%以上的主穗谷粒呈现本品种成熟时颜色且谷粒内含物

呈粉状、坚硬时采用机械收获。收获后进行晾晒、清选，籽粒含水量≤13%时入库。贮藏于阴凉通风处，避免受潮霉变。

（五）地膜回收

谷子收获后及时回收地膜，避免造成环境污染。

三、旱作谷子轻简化生产技术

（一）播前准备

1. 茬口选择

忌重茬，宜与玉米、小麦、薯类、豆类和油菜等作物轮作。

2. 品种选择

选择适合机械化生产、已通过国家非主要农作物品种登记的抗除草剂品种。在大面积种植前，宜进行 1~2 年的适应性试验。上茬作物如喷施过除草剂，应根据施用的除草剂种类和残留期长短，选用对该除草剂有抗性的谷子品种。

3. 种子处理

选用下列方法之一进行种子处理。

（1）种子包衣。选用商品包衣种子，或专用种衣剂自行包衣。

（2）温汤浸种。用 55 ℃温水浸种 10 分钟，然后把种子晒干。

（3）药剂拌种。根据防治的病虫害种类，选择合适的药剂拌种。

4. 整地

（1）农艺要求。在前茬收获后及时翻耕，深度 20~25 厘米。播前结合旋耕一次性施足底肥，施用农家肥 2 500~3 500 千克/亩，或氮磷钾复合肥 40~50 千克/亩，根据不同地区土壤肥力情况，可作相应的调整。旋耕深度 10~15 厘米，镇压；

施肥均匀，耕层上实下塇，土壤细碎，地表平整。

（2）农机作业要求。旋耕机作业质量应按照 NY/T 499—2013《旋耕机　作业质量》的规定执行。夏播谷田前茬作物为小麦，在收获后用秸秆还田机粉碎秸秆后再旋耕。

（二）播种

1. 播种时间

在雨后墒情适宜时，宜及时抢墒播种。山区旱作可在 5 月上旬至 6 月上旬春播，宜晚春播；平原地区可春播，宜在 6 月中旬至 7 月初夏播。

2. 农艺要求

播种深度约 3 厘米，行距 45～50 厘米，播后随即镇压，播种量参照品种说明。

3. 农机作业要求

平原地区采用与拖拉机配套的多行谷子精量播种机，宜使用具有单体仿形功能的免耕播种机，播深均匀一致；丘陵山区小地块采用人畜力牵引的播种机。播种机可调播量范围，宜为 0.2～1.0 千克/亩。

（三）田间管理

1. 化学除草和化学间苗

（1）除草剂选择与施用。按照品种说明，喷施与品种配套的除草剂进行除草、间苗。

（2）施用时间。在谷苗 5～6 叶期，杂草 1～3 叶期施用，不应超过杂草 5 叶期。

（3）作业要求。在无风、12 小时无雨的条件下，均匀喷施。有条件的地区可采用无人机喷施作业。

2. 病虫害防治

（1）苗期病虫害防治。苗期主要易发生的病虫害为病毒病、黑麦秆蝇、红蜘蛛、粟芒蝇等。苗期在喷施除草剂的同时，可混配农药进行苗期病虫害防治，农药使用应符合 GB/T 8321《农药合理使用准则》的要求。

（2）成株期病虫害防治。成株期主要病害有粟瘟病、粟白发病、粟锈病、粟纹枯病、粟细菌性褐条病、粟线虫病、粟红叶病和粟粒黑穗病等，主要虫害为粟芒蝇、黏虫、玉米螟等，根据田间发生情况及时防治。

（四）收获

1. 收获时期

在谷子 95%籽粒进入蜡熟末期时收获。

2. 农机规范

（1）分段收获。割晒：割晒机割倒后，晾晒 3 天左右，采用脱粒机脱粒。按照谷子割晒机使用说明书进行操作，割茬高度不高于 10 厘米；总损失率不高于 3%；铺放角度 90°±20°；角度差不高于 20°。脱粒：按照谷子脱粒机使用说明进行操作。

（2）联合收获。大地块可采用谷物联合收获机收获。优先选用切流式谷物联合收获机，更换谷子收获专用分禾器，调整脱粒滚筒与分离筛间隙，调整风机风量，并按照联合收获机使用说明进行操作。根据需求，可选择半喂入式或全喂入式作业。半喂入式作业应根据品种不同调整割台高度，只收获谷穗部分。全喂入式作业要求：留茬高度不高于 20 厘米；总损失率不高于 5%；破碎率不高于 3%；含杂率不高于 5%。

第四节　大豆有机旱作栽培技术

一、大豆全膜双垄沟播高产栽培技术

大豆根系不发达，对缺水比较敏感，传统的半膜覆盖栽培方

式集雨效果差、跑墒严重、耐旱力弱，直接导致产量低而不稳。在年降水量200~400毫米的干旱半干旱区，研究总结了旱地大豆全膜双垄沟播高产栽培技术。经测定，应用旱地大豆全膜双垄沟播高产栽培技术，较半膜种植增产30%以上，较露地种植增产60%以上。

（一）选用良种与种子处理

选择株型紧凑、结荚密集、生长旺盛、耐旱、抗病性强的品种，如辽豆15、铁丰29、中黄35、金张掖系列品种、中黄13、晋豆19号等。选择粒大、饱满、无虫眼和杂质的大豆，确保种子纯度和净度达到98%，发芽率达到85%以上，含水量不高于12%。播前将种子晒2~3天，可提高种子发芽率和发芽势。晒种时应薄铺、勤翻，防止中午强烈的日光暴晒造成种皮开裂而导致病菌侵染。晒种后将种子摊开散热降温后备用。一般采用包衣种子，也可用35%多·福·克悬浮种衣剂，按药种1∶80的比例均匀拌种，阴干备用。

（二）选地整地

大豆忌重茬。重茬或迎茬大豆生长缓慢，荚少、粒小、易感染病虫害，一般减产30%~50%。最好与禾本科作物实行3年以上轮作，也不宜选择其他豆类作物茬口。目前，旱地全膜大豆茬口主要以玉米、马铃薯为主，适宜轮作方式为玉米—马铃薯—大豆。宜选择地势平坦、土层深厚、肥力中上的地块种植。前茬收后，及时深耕晒垡，深耕20~25厘米，耕后耙耱收墒。

（三）科学施肥

大豆根瘤固氮能力弱，应增施有机肥，配合施用氮、磷、钾化肥和中微量元素肥，做到平衡施肥，才能获得高产。推广应用测土配方平衡施肥技术，氮、磷、钾搭配，施生物钾和生物磷肥（拌种或混入化肥中施用），并根据缺素状况增补钼酸铵等微量元素肥料。有机肥及化肥可作基肥结合整地一次施入，也可在起垄时集中施入窄行垄带内，根据产量指标和土壤养分状况科学配方施肥，目标产量为 2 250~3 000 千克/公顷时，施肥标准应为优质农家肥 45~60 吨/公顷、尿素 90~120 千克/公顷、过磷酸钙 195~255 千克/公顷、硫酸钾 120~150 千克/公顷；为提高化肥利用率，可施入生物钾或生物磷 7.5 千克/公顷。

（四）起垄覆膜

用小行 40 厘米、大行 70 厘米的划行器划行，首先在地边划一边线，沿边线 35 厘米处划小行边线，然后一小一大间隔划完全田。用步犁起垄时，步犁来回沿小垄的划线向中间翻耕起小垄，将起垄时的犁臂落土用手耙刮至大行中间形成大垄面，或机械直接起垄。地下害虫为害严重的地块，起垄前先喷施 40%辛硫磷乳油 7.5 千克/公顷+细砂土 450 千克拌成的毒土处理土壤，然后起垄，用宽 120 厘米的地膜全地面覆膜。杂草危害严重的地块，可在起垄后先用 50%乙草胺乳油 1 200~1 500 倍液全地面喷雾，然后覆膜。沿边线开深 5 厘米左右的浅沟，地膜展开后，靠边线的一边在浅沟内，用土压实，另一边在大垄中间，沿地膜每隔 1 米左右，用铁锨从膜边下取土原地固定，并每隔 2~3 米横压土腰带。覆完第一幅膜后，将第二幅膜的一边与第一幅膜在大垄中间相接，从下一大垄垄侧取土压实，以此类推铺完全田。

（五）适期播种

大豆应根据当时温度、土壤墒情来确定播种期。一般当耕层土壤日平均温度达 8~10 ℃时，为适宜播种期。据此，适宜播种期为 4 月中下旬。种植密度根据土壤肥力和年降水量确定。肥力高宜稀，肥力低宜密；降水量多宜稀，降水量少宜密；分枝多的晚熟品种宜稀，植株收敛分枝较少的早熟品种宜密。西北旱作全膜大豆以 10.0 万~19.5 万株/公顷为宜。其中分枝较多的品种如金张掖系列等适宜稀植，株距 15~20 厘米，保苗 9.15 万~12.00 万株/公顷，分枝较少的品种如中黄 35 大豆等适宜密植，单株种植时株距 12~15 厘米，保苗 12 万~15 万株/公顷，双株种植时株距 18~20 厘米，保苗 18.0 万~19.5 万株/公顷。手播或机播进行等距精量点播，一般需种量 60~90 千克/公顷。用点播器破膜播种，播种深度 3~4 厘米。土壤黏重、墒情好、种粒较小的浅播；墒情差、质地轻、种粒大的深播。播后用细砂或腐熟牲畜圈粪、草木灰等疏松物封住播种孔，并在地头覆膜播备用苗，用于移栽补苗。

（六）田间管理

幼苗期的主攻目标是保证苗全、苗匀、苗壮，促进发根壮苗，早分枝，早开花，多开花。壮苗的特点是根系发达、茎秆粗壮、节间短、叶片肥厚浓绿。大豆出苗后及时查苗补苗；播种后遇降水时，要破除播种孔覆盖的土进行引苗，即在大豆子叶破土前压碎板结，把幼苗从膜孔引出。大豆 2~3 片真叶展开时间苗，去掉弱苗；3~4 片真叶展开时定苗，保留健壮、整齐一致的幼苗。大豆生长较弱时，开花前用点播器在 2 株中间打孔进行根际追肥，追施 45 ~ 60 千克/公顷，或在初花期用尿素 10 千克/公顷+磷酸二氢钾 1.5 千克/公顷兑水 500 千克叶面喷施；根据缺素情况可以喷施 0.03%~0.05%钼酸铵水溶液。如果大豆有疯长趋势，应及时控制，防止后期倒伏，最好在大豆初期亩用 10%多效唑可湿性粉剂 10 克兑水 10 千克进行叶正反两面喷施，或在花期喷 15~20 毫克/千克的矮壮素 30~40 千克叶正反两面喷施。

（七）病虫害防治

防治霜霉病，用 25%甲霜灵可湿性粉剂按种子重量的

0.5%拌种；田间发病时可用25%甲霜灵可湿性粉剂800倍液600千克/公顷喷雾。枯萎病发病时全株枯萎，首先应拔除病株，并喷洒50%多菌灵可湿性粉剂800~1 000倍液，保护健株不受侵染，重点喷植株根部。蚜虫是大豆病毒的主要传播者，在防治上，可喷洒20%吗胍·乙酸铜500倍液或1.5%烷醇·硫酸酮800~1 000倍液。蚜虫点片发生并有3%的大豆卷叶时，用50%抗蚜威可湿性粉剂150克/公顷兑水600~750千克喷雾防治。防治食心虫，每亩用25克/升高效氯氟氰菊酯乳油15~20克，兑水喷雾。根蛆可用40%乐果乳油按种子量的0.7%（加水适量）拌种防治幼虫；成虫发生盛期可用80%敌敌畏乳油1 000倍液喷雾防治，喷药量600千克/公顷。黑绒金龟子发生时可用2.5%敌百虫颗粒剂30千克/公顷在田间喷洒防治。

（八）适期收获

当大豆叶片变黄、开始脱落，豆荚变褐，籽粒变硬、有光泽时收获。

二、大豆大垄密植浅埋滴灌栽培技术

大豆大垄密植浅埋滴灌栽培技术是将大豆传统模式的65厘米垄种改为110厘米的床播，将原来的垄上双行改为垄上4行，采用宽窄行种植模式，小行距20厘米，大行距30厘米，株距13厘米，在宽行中间铺设滴灌管，亩保苗由1.4万株提高到1.9万株，使大豆植株分布更加均匀合理，提高光能利用率、水肥利用率，实现节肥节水、增产增效、绿色生产。

（一）选地

选择地势平坦、土层深厚、保水保肥能力强、具有滴灌条件、不重茬和迎茬的适宜茬口地块。

（二）整地

深松或深翻30厘米以上，打破犁底层，适时耙地。

（三）选种

选用优良的高蛋白质、高油专用品种。种子纯度和净度均达到98%以上，发芽率达到90%以上。

（四）测土配方施肥

N：P_2O_5：K_2O=1：1.5：1配方施肥，每亩用55%大豆专用肥（BB肥）15.0~17.5千克。

（五）机械播种

当耕层土壤温度稳定通过8 ℃时即可播种，选用大豆大垄密植浅埋滴灌专用精量播种机一次性完成播种、施肥、铺设滴灌带、镇压等作业。播种量4~5千克/亩。镇压后播种深度3~4厘米。

（六）滴灌管网连接及滴灌

播种后，将毛管、支管、主管和首部连通。当播种后土壤墒情不足时及时滴出苗水，滴水量20~30米^3/亩，保证大豆正常出苗。

（七）田间管理

适时铲趟、施肥。根据土壤墒情，在大豆开花期和结荚期，及时灌水2~3次，每次灌水量为20~30米^3/亩。建议应用化学除草技术、病虫害绿色防控技术。

（八）适时收获

人工收获，当植株落叶即可收割；机械收获，籽粒归仓，可在适期内抢收早收。

第五节　马铃薯有机旱作栽培技术

一、马铃薯垄作侧播栽培技术

（一）选地整地

1. 选地

马铃薯是不耐连作的作物，生产上一定要避免连作，种植马铃薯的地块一般要选择3年内没有种过马铃薯和其他茄科作物的地块。建议种植马铃薯的地块选择玉米、小麦、大麦等作物作为前茬作物。

马铃薯块茎膨大需要疏松肥沃的土壤。因此，种植马铃薯的地块要地势平坦、耕层深厚、肥力中上、土壤理化性状良好、保水保肥能力强、坡度在15°以下。切忌选择陡坡地、石砾地、重盐碱地等瘠薄地。

2. 整地

在前茬作物收获后，应深耕30厘米，并深浅一致，深耕细耙，达到深、松、平、净、无明暗坷垃、干净无杂物，在播前应浅耕耙耱，使土层绵软疏松，为起垄覆膜创造良好的土壤条件。

（二）施肥

1. 马铃薯不同生长时期对养分的需求特点

马铃薯整个生育期，因生育阶段不同，其所需营养物质的种类和数量也不同。幼苗期吸肥量很少，发棵期吸肥量迅速增加，到结薯初期达到最高峰，而后吸肥量急剧下降。各生育期吸收氮（N）、磷（P_2O_5）、钾（K_2O）三要素，按占总吸肥量的百分数计算，发芽到出苗期分别为6%、8%和9%，发棵期分别为38%、34%和36%，结薯期为56%、58%和55%。三要素中马铃薯对钾的吸收量最多，其次是氮、磷。试验表明，每生产1 000千克块茎，需吸收氮（N）5~6千克、磷（P_2O_5）1~3千克、钾（K_2O）12~13千克，氮、磷、钾比例为2.5∶1∶5.3。马铃薯对氮、磷、钾肥的需求量随茎叶和块茎的不断增长而增加。在块茎形成盛期需肥量约占总需肥量的60%，生长初期与末期约各占总需肥量的20%。

2. 施肥方法

（1）基肥。包括有机肥与氮、磷、钾肥。马铃薯吸取养分有80%靠底肥供应，有机肥含有多种养分元素及刺激植株生长的其他有益物质，可于秋冬耕时结合耕地施入以达到肥土混合，如冬前未施，也可春施，但要早施。磷、钾肥要开沟条施或与有机肥混合施用，氮肥可于播种前施入。一般每亩施尿素30~40千克、硫酸钾20千克。

（2）追肥。由于早春温度较低，幼苗生长慢，土壤中养分转化慢、养分供应不足。为促进幼苗迅速生长，促根壮棵为结薯打好基础，强调早追肥，尤其是对于基肥不足或苗弱小的地块，应尽早追施部分氮肥，以促进植株营养体生长，为新器官的发生分化和生长提供丰富的有机营养。苗期追施以每亩施尿素6.5~10.8千克为宜，应早追施。发棵期，茎开始急剧拔高，主茎及主茎叶全部建成，分枝及分枝叶扩展，根系扩大，块茎逐渐膨大，生长中心转向块茎的生长，此期追肥要视情况而定，采取促控结合协调进行。为控制茎叶徒长，防止营养器官消耗大量养分，适时进入结薯期以提高马铃薯产量，发棵期原则上不追施氮肥，如需施肥，发棵早期或结薯初期结合施入磷钾肥追施部分氮肥。此外，为补充养分不足，以后可叶面喷施0.25%尿素溶液或0.1%磷酸二氢钾溶液。

早熟品种生长时间短、茎叶枯死早，所以供给氮肥的数量应适当增加，以免叶片和整个植株过早衰老。晚熟品种茎叶生长时间长，容易徒长，所以应适当增施磷、钾肥，以促进块茎的形成膨大。

3. 注意事项

马铃薯是喜钾作物，在施肥中要特别重视钾肥的施用。应该选用硫酸钾，否则会影响马铃薯的品质。同时，马铃薯是忌氯作物，施肥中不宜施用过多的含氯肥料，如氯化钾。

(三) 起垄覆膜

可选宽幅120厘米、厚度0.01毫米的黑色地膜。一般垄中距应为120厘米，垄底宽80厘米，垄沟宽40厘米，垄高25厘米。

(四) 品种选择

高寒阴湿区及二阴区以庄薯3号、陇薯6号、陇薯7号、青薯9号为主；干旱半干旱区以庄薯3号、陇薯5号、陇薯6号、中薯5号、中薯8号、新大坪、青薯9号、青薯168、冀张薯8号为主；陇南温润及早熟栽培区以天薯10号、天薯11号、费乌瑞它、克新1号、克新2号为主。种薯选用抗病、丰产性强的脱毒原种、一级种或二级种，尽量选用一级种和一级种以上级别的脱毒种薯。

(五) 种薯处理

1. 催芽

种薯出窖后，进行严格的选种，剔除病、虫、烂薯，播前10~15天晒种催芽，在催芽过程中要淘汰病、烂薯。

2. 种薯切块

播前1~2天将种薯切成25~50克大小的薯块，机械播种可切大一些，每块重35~45克，人工播种可切小一些，每块重30~35克。每个薯块需带1~2个芽眼。切薯前用0.1%高锰酸钾溶液或5%来苏水或70%~75%酒精对刀具进行消毒。切薯过程中，淘汰病、烂薯。薯块切好后，用旱地宝100克兑水5千克浸种20分钟，放在阴凉处晾干后即可播种。

3. 药剂处理

100千克薯块用25%甲霜灵可湿性粉剂100克加少量水浸沾或喷洒，可杀死种薯内部分细菌，并可推迟晚疫病的发生期，或用草木灰拌种。

（六）播种

1. 播种期

在10厘米土层温度稳定通过8 ℃时开始播种较适宜；种植者应随时测量地温确定最适合的播种期，在气温低的情况下适当推迟播种。播种期一般在4月中下旬，地膜种植可以比露地种植适当提前3~5天。

2. 播种方法

先用点播器打开第一个播种孔，将土提出，孔内点籽，打第二个孔后，将第二个孔的土提出放在第一个孔口，撑开手柄或用铲子轻轻一磕，覆盖住第一个孔口，以此类推，这样播种，对地膜的破损较少，膜面干净没有浮土，且播种深度一致，出苗整齐均匀，提高工效，土壤墒情较好时可适当浅播，墒情较差时适当深播。有条件的地方可用机械一次性完成起垄、覆膜和播种。

（七）合理密植

旱地依据土壤肥力状况、降水条件和品种特性确定种植密度。

年降水量300~350毫米的地区以3 000~3 500株/亩为宜，株距为40~35厘米；年降水量350~450毫米的地区以3 500~4 000株/亩为宜，株距为35~30厘米；年降水量450毫米以上的地区以4 000~4 500株/亩为宜，株距为27~30厘米；灌溉地以 5 000~5 500 株/亩为宜，株距为 22~27 厘米。

（八）田间管理

1. 苗期

苗期要注意观察，如幼苗与播种孔错位，应及时放苗，以防烧苗，播种后遇降雨，在播种孔上易形成板结，应及时将板结破开，以利于出苗；出苗后应及时查苗、补苗并拔出病苗。

2. 中期

封垄前，根据长势每亩施尿素 10 千克或碳酸氢铵 30 千克。追肥要视墒情而定，干旱时少追或不追，墒情好、雨水充足时适量加大。同时根据地下害虫发生情况，结合施肥拌入 15%阿维菌素微乳剂 1 千克进行防治。

现蕾期要及时摘除花蕾，节约养分，供块茎膨大。马铃薯对硼、锌微量元素比较敏感，在开花和结薯期，每亩用 0.1%~0.3%硼砂或硫酸锌、0.5%磷酸二氢钾、尿素水溶液进行叶面喷施，一般每隔 7 天喷 1 次，共喷 2~3 次，亩用溶液 50~70 千克。

3. 后期

结薯期如气温较高，马铃薯长势较弱，不能封垄时，可在地膜上盖土，降低垄内地温，为块茎膨大创造冷凉的土壤环境，以利于块茎膨大。

（九）病虫害防治

幼苗期至现蕾期如发现中心病株应立即人工拔除焚烧或深埋，并用 0.3%高锰酸钾，或 2%硫酸亚铁，或 50%多菌灵可湿性粉剂 500 倍液进行浇灌，或喷雾处理苗穴；同时预防马铃薯块茎蛾、蚜虫、马铃薯瓢虫等虫害。现蕾后重点防治早疫病、晚疫病、蚜虫等，每 7~15 天喷药 1 次，农药应交替使用，农药种类和使用见说明书（建议农药有苯醚甲环唑、霜脲氰、甲霜灵锰锌、氰霜唑、氟啶胺等）。

（十）收获及贮藏

1. 收获

茎叶枯黄块茎成熟时就要及时收获，收获前一周左右割掉地上部茎叶并运出田间，以减少块茎染病和达到晒地的目的。收获后块茎要进行晾晒、“发汗”，严格剔除病薯、烂薯和伤薯。

2. 贮藏

贮藏窖使用前要进行消毒，将贮藏窖打扫干净，用生石灰、5%来苏水喷洒消毒。块茎入窖应该轻拿轻放，防止大量碰伤。窖内贮量不得超过窖容量的2/3，相对湿度80%~90%，淀粉加工原料薯的最适温度为3~4 ℃，油炸食品加工原料薯的最适温度为8~15 ℃，并结合利用抑芽剂。贮藏期间要勤检查，要防冻，更要防止出芽、热窖或烂窖。

二、马铃薯黑色地膜覆盖垄上微沟集雨增墒栽培技术

（一）选地整地

选择地势平坦、土层深厚、土质疏松、肥力中上等、坡度在15°以下的地块，前茬以麦类、豆类为好。

前茬作物收获后及时深耕灭茬，用敌百虫粉剂（每亩用1%敌百虫粉剂3~4千克，加细砂土10千克掺匀），或用辛硫磷拌制毒土（每亩用40%辛硫磷乳油500克+细砂土30千克拌匀），撒施深耕，耕深达到25厘米以上，防治地老虎等地下害虫。熟化土壤，封冻前耙耱镇压保墒，做到地面平整，土壤细、绵、无坷垃，无前作根茬。若前茬为全膜种植地块，则选择不整地留膜、春揭、春用。

（二）种薯选择处理

1. 种薯选择

选用产量高、品质好、结薯集中、薯块大而整齐、中晚熟品

种的脱毒种薯。选择长势强、单株生产能力高、丰产稳产性好、抗旱抗病、耐低温抗早霜、综合农艺性状优良、结薯集中、商品率较高、商品性好、市场价位高的青薯9号等品种。

2. 种薯处理

提倡小整薯播种，若切块先要切脐检查，淘汰病薯，淘汰尾芽，将种薯切成25~50克大小的薯块，每块需带1~2个芽眼；切块使用的刀具用75%酒精或0.1%高锰酸钾溶液进行消毒；切块后用稀土旱地宝100毫升兑水5千克浸种，浸泡20分钟后捞出放在阴凉处晾干待播。

（三）合理施肥

随着地力等级的升高施肥量逐渐降低，每亩以施尿素12~34千克、过磷酸钙23~76千克、硫酸钾9~45千克为宜。而地膜栽培马铃薯长势更强，合理配肥产值效益最大，以施尿素32~43千克、过磷酸钙62~63千克、硫酸钾17千克为宜。

结合秋深耕或播前整地将肥料及优质农家肥料混撒开沟条施；也可按肥料配比随起垄覆膜一次集中深施膜下。施肥时避免肥料与种薯直接接触，磷肥播前深施或秋施。

（四）起垄覆膜

起垄覆膜可采用人蓄力及一体机起垄，起垄时可先用划行器沿等高线划线后再进行起垄，人蓄力起垄时用划行器边划行边起垄，按幅宽120厘米、垄宽75厘米、垄沟宽45厘米、高1.5厘米、垄脊微沟10厘米起垄，用120厘米的黑色地膜覆盖垄面垄沟，垄土力求散碎，忌泥条、大块，起垄后使用整垄器进行整垄，使垄面平整、紧实、无坷垃，垄面呈“M”形。

覆膜要达到平、紧，两边用土压严压实，同时每隔2~3米横压土腰带，以防被风掀起和拦截垄沟内降水径流。覆膜一周后要在垄沟内打渗水孔（或机械一次性打孔），孔距为50厘米，以便降水入渗。

（五）种植密度

半干旱地区随着种植密度的增加，马铃薯单株生产能力逐渐降低，密度每增 1 000 株单株结薯数减少 1.5 个、商品薯数减少 1 个、鲜薯重降低 233 克、商品薯重降低 201 克。

生产追求的目标不同，密度配置要求不同，生产上密度配置要依生产目的而定。以商品生产为目的追求高商品薯产量及产值时，播种密度以 3 420~3 482 株/亩为宜，即穴距为 32~33 厘米；以繁种为目的追求高鲜薯产量及结薯数量时，播种密度保证在 3 600 株/亩以上，即穴距为 32 厘米以下。

（六）适期播种

不同播期影响马铃薯产量及性状，随着播种时期的推迟，单株结薯重、单株商品薯数、单株商品薯重、商品率等性状先升后降。适期播种才能提高马铃薯单株生产能力与单位面积产量产值，晚熟马铃薯品种在半干旱地区，地膜覆盖种植播期为 4 月 22—28 日。

具体操作：在垄脊上用打孔器破膜点播，打开第一个播种孔，将土提出，孔内点籽，打第二个孔后，将第二个孔的土提出放在第一个孔口，撑开手柄或用铲子轻轻一磕，覆盖住第一个孔口，以此类推。每垄播种 2 行，按照“品”字形播种，播深 15 厘米左右。

（七）田间管理

覆膜后抓好防护管理工作，严防牲畜入地践踏、防止大风揭膜。一旦发现地膜破损，及时用细土盖严；苗期应及时查苗放苗，出苗期要随时查看，发现缺苗断垄要及时补苗，力求全苗，放苗后将膜孔用土封严；中后期以追肥为主，在现蕾期叶面喷施硼、锌微量元素，磷酸二氢钾或尿素。

用 0.1%～0.3%硼砂或硫酸锌，或 0.5%磷酸二氢钾，或 0.5%尿素水溶液进行叶面喷施，一般每隔 7 天喷 1 次，共喷 2～3 次，每亩用溶液 50～70 千克。也可在马铃薯现蕾期、块茎膨大期等关键期注灌沼液补充肥力，注灌浓度以稀释至67%即可。

（八）病虫害防治

病害以早疫病、晚疫病防控为主，田间一旦发现早疫病、晚疫病病株，立即拔除并进行药剂防治，用 58%甲霜灵锰锌可湿性粉剂 500 倍液、64%噁霜灵可湿性粉剂 500 倍液，或 75%百菌清可湿性粉剂 600 倍液，任选两种药剂交替均匀喷雾，隔 7～10 天防治 1 次，连续防治 2～3 次。

病毒病于发病喷洒 1.5%烷醇·硫酸酮乳剂 1 000 倍液，或 20%吗胍·乙酸铜可湿性粉剂 500 倍液，两种农药交替使用。

虫害以蚜虫为主，用 10%吡虫啉可湿性粉剂 3 000 倍液，或 2.5%溴氰菊酯乳油 2 500 倍液，两者交替均匀喷雾能达到较好喷防效果。

（九）收获及贮藏

当地上部茎叶基本变黄枯萎、匍匐茎开始干缩时即在收获期前 15 天杀秧，便于机械收获，也便于块茎脱离匍匐茎、加速块茎成熟、薯皮老化。

在马铃薯的收获、拉运、贮藏过程中，应注意轻放轻倒，以免碰伤薯块，收后除去病薯、擦破种皮的伤薯和畸形薯，堆放在阴凉通风处，使块茎散热、去湿、损伤愈合、表皮增厚，收获后及时清除田间废膜，以防造成污染；当夜间气温降至 0 ℃以下时入窖贮藏，入窖贮藏的适宜温度是 3～5 ℃，相对湿度为 80%～85%。

第六节　高粱有机旱作栽培技术

高粱是我国重要的禾谷类作物之一，在酿酒、酿醋、饲料、食用、能源等方面具有独特的优势。

一、北方春播早熟区高粱栽培技术

北方春播早熟区包括黑龙江、吉林、内蒙古等省（区）全部，河北承德、张家口，山西北部，陕西北部，宁夏干旱区，甘肃中部与河西地区，新疆北部平原和盆地等。春旱是影响该区高粱生产的最关键因素，其次是温度，需要充分利用有限的温度资源，确保高粱安全生产。

（一）选择良种

根据以下原则选择品种：一是通过国家登记、符合市场需求的品种；二是适合当地气候、土壤条件，既能够充分利用温光条件，又能保证安全成熟和优质高产的品种，通常肥水条件优良田块可种植生育期较长的品种，瘠薄地块种植生育期短的品种；三是机械化生产水平高的地区，宜选择株高较矮（1.6 米以下）、顶土力强、耐密植、柄伸适中、籽粒不易脱落的品种；四是注意品种穗型，生育中后期雨量充沛的地区选择散穗型品种，生育中后期雨量较少地区可选择中紧穗型品种，以便抑制穗部病虫害。

（二）选地整地

高粱不宜重茬，一般以选大豆、玉米等茬口为宜；注意了解前茬除草剂使用情况，避免对高粱造成药害。根据高粱对土壤的要求，在秋季前茬收获后抓紧整地（起垄），蓄水保墒，延长土壤熟化时间，达到“春墒秋保、春苗秋抓”的目的。一般耕深 25 厘米，等行距种植时行距 50~60 厘米；宽窄行种植时宽行行距 70~80 厘米、窄行行距 40 厘米。垄作地区秋季未起垄的春季顶浆打垄，以保蓄冬季积蓄于土壤表层的水分，有利于种子发芽。

（三）种子处理

播种前进行晒种，在户外阳光下将种子平铺 3~5 厘米厚晒 2~3 天即可。如果购买的种子没有进行包衣，建议种植户进行种子包衣或药剂处理。因地制宜科学选择种衣剂，以便防治丝黑穗病等病害和地下害虫。

（四）适时播种

依据品种生育期、地温和土壤墒情确定播期。一般以 10 厘米耕层地温稳定在 12 ℃左右，土壤含水量以 15%~20%为宜，此时播期大多为 5 月初。晚熟品种适时抢墒早播，早熟品种适时晚播。春旱严重的山区、坡地、朝阳地块，可适时早播，低洼易涝、平原地块适当晚播。

（五）合理密植

根据品种特点、当地生态、生产条件、土壤肥力、施肥管理和种植习惯等确定基本苗。粒用高粱亩基本苗 7 000~12 000 株，特殊品种 20 000 株，一般亩播量 1.0 千克左右。精量播种机播种时要做好清选、晒种，保证种子大小均匀、整齐一致，亩播量 0.5~0.75 千克。

（六）田间管理

1. 间苗除草

人工间苗在 4~6 叶期进行，除草可结合间苗和中耕，进行 2 次。精量播种地块可不间苗，在播种后出苗前喷施高粱专用除草剂封闭除草。一般不建议苗后化学除草，易产生药害。若必须苗后除草，可在 5~8 叶期前后施用高粱专用除草剂除草，注意施用剂量及施用时期。

2. 肥水管理

分期施肥、科学减量，增施基肥，施足种肥，适时追肥。一般亩施农家肥 3 000 千克，化肥用量折合氮（N）11~13 千克、磷（P_2O_5）5~8 千克、钾（K_2O）3~5 千克，并根据当地土壤情况和目标产量适当调整。农家肥作底肥，磷肥、钾肥及全部氮肥的 30%结合播种一次性施入，全部氮肥的 60%作拔节肥、10%作粒肥。施种肥时注意种、肥分开，以防烧种，影响出苗。高粱耐旱耐涝，但拔节孕穗和抽穗开花是需水关键期，如遇干旱，有条件地区应及时灌水。

3. 病虫防治

丝黑穗病、螟虫、蚜虫、黏虫、棉铃虫是高粱常见病虫害，其防治方法除选用抗病品种外，还应因地制宜地通过轮作倒茬、种子处理、适时播种以及选用适宜药剂等措施防治。拔节至抽穗开花期注意早防早治蚜虫、黏虫；大喇叭口期用药剂灌心或喷施防治螟虫；开花后注意防治棉铃虫。

4. 适时收获

适宜收获期在蜡熟末期，此时收获籽粒饱满、产量最高、米质最佳。机收可使用联合收割机进行。

二、北方春播晚熟区高粱栽培技术

北方春播晚熟区包括辽宁、河北、山西、陕西等省份的大部分地区，以及北京、天津，宁夏的黄灌区，甘肃东部和南部，新疆南疆和东疆盆地等。春旱是影响该地区高粱生产的关键因素。

（一）选择品种

参照北方春播早熟区高粱栽培技术。

（二）播前准备

选择大豆、玉米等茬口种植高粱，秋翻地。前茬秋季收获后及时秸秆还田、灭茬旋耕、耙地，耕深25厘米以上，做到无漏耕、无坷垃。辽宁、河北、北京、天津一般为旱作，垄作区宜在秋天起垄，并及时镇压，秋季未起垄的春季顶浆打垄，以保蓄冬季积蓄于土壤表层的水分；山西、陕西、宁夏、甘肃、新疆一般为水浇地，春天灌水后7~10天施底肥，及时旋耕，准备播种。等行距种植时行距50~60厘米；宽窄行种植时宽行行距70~80厘米、窄行行距40厘米。

（三）种子处理

播种前进行晒种，在户外阳光下将种子平铺3~5厘米厚晒2~3天即可。如果购买的种子没有进行包衣，建议种植户进行种子包衣或药剂处理。因地制宜选择种衣剂，以便防治丝黑穗病等病害和地下害虫。

（四）适时播种

依据品种生育期、地温和土壤墒情确定播期。切忌早播，宜适当晚播。一般以10厘米耕层地温稳定在12℃左右、土壤含水量以15%~20%为宜，此时播期大多为5月初。

（五）合理密植

粒用高粱亩基本苗7 000~12 000株，亩播量1.0千克左右。精量播种机播种亩播量0.5~0.75千克。

（六）田间管理

参考北方春播早熟区高粱栽培技术。

第七节　莜麦有机旱作栽培技术

莜麦是禾本科燕麦属的一个亚种，籽粒带颖壳的为燕麦，不带颖壳的为莜麦。莜麦适应性强，抗逆耐粗，对土壤要求不严，是一种低温凉爽气候的长日照、生育期短的作物，适宜在华北、西北、西南地区种植。

一、选择优良品种

优良品种是高产的主要途径。要因地制宜地推广和布局优良品种，根据旱地的特点，选用耐旱、抗病、抗寒、增产潜力大的品种。

莜麦是圆锥花序，小穗之间发育很不平衡，因此作种用的莜麦，必须经过严格的风选、筛选，选用粒大饱满、成熟度好的完整籽粒。

二、深耕细耙

秋深耕（25～30厘米）耙耱可以蓄秋雨为春用，尽量扩大机耕面积，冬天（三九天）要镇压提墒，早春浅耕（10厘米左右）耙耱保墒。把“三墒”整地形成一套完整的旱作措施，是保证莜麦苗齐、苗全夺高产的关键措施。

三、增施肥料

莜麦是须根系作物，有较强的吸收能力，特别是对氮肥非常敏感。每生产100千克籽粒，需从土壤中吸收氮（N）3.6千克、磷（P_2O_5）1.8千克、钾（K_2O）2.5千克，因此莜麦在施肥上要以养分含量全的优质农家肥为主、化肥为辅（一般用作追肥），把握重施基肥，巧施种肥，看天、看地、看苗情追肥的原则，莜麦拔节期是需肥的关键时期。以往“一炮轰”的施肥方法对磷酸二铵或过磷酸钙比较适宜，但施用尿素等往往容易引起烧苗，造成缺苗断垄。目前常用的方法：每亩用3～5千克磷酸二铵与种子混合均匀一起播种。

四、合理轮作

莜麦最忌连作。连作莜麦病多、杂草多，而且容易造成土壤养分失衡，加剧土壤养分与作物生长的供需矛盾，造成减产。轮作可以避免上述不利因素，莜麦轮作方式很多，一般小麦、豌豆、油料等都适合作为莜麦的前茬。

五、种子处理

把选好的种子放在太阳光下晒 4~5 天后，再用甲基硫菌灵拌种，即可播种，播种的适宜时期为小满前后 5 天，播深以 4~6 厘米为宜，早播的要适当深一些，晚播的适当浅一些，干旱少雨和墒情不好的年份要适当深一些。

六、合理密植

一般莜麦籽粒和秸秆比例以 1∶1 较为合理，具体播种量由品种、地力、耕作条件来决定。一般亩播籽 8~10 千克，亩留苗 24 万~30 万产量最高，在肥力较高、生产水平较高的地块，亩播量可增加 1~2 千克，反之减少 1~2 千克。此外还应根据土壤墒情、种子品质等调整好播量。

七、科学管理

播种后如遇降水，应及时耙耱，破除板结，以保全苗。苗期浅锄 1 次，深度为 3 厘米左右，以防伤根，分蘖期第 2 次中耕锄草，深度为 5 厘米左右，并视苗情进行追肥，亩追施尿素 2.5~5 千克。

病虫害防治原则：预防为主，综合防治，优先采用农业防治、生物防治，尽量少用或不用化学药剂防治。

八、适时收获

莜麦是无限花序，籽粒成熟很不一致，当穗部已有3/4的小穗籽粒进入蜡熟期时即可收割，以防风摔落粒而造成减产。

第八节　荞麦有机旱作栽培技术

一、选地

荞麦对土地肥力、前茬等要求不严，但不宜连作，荞麦种植对下茬作物影响较大，故需在下茬作物播种前增施肥料，并搞好土壤耕作，以恢复地力。

二、整地

荞麦幼苗顶土能力差，根系发育弱，对整地的要求较高，抓好耕作整地这一环节是保证荞麦全苗的主要措施。前作收获后，应及时浅耕灭茬，然后深耕。如果时间允许，深耕最好在地中的杂草出土后进行。在夏荞种植时，抢时是最主要的，一切田间耕作都要服从于适时播种。麦收后及时耕耙，拾去根茬；如时间紧迫，也可留茬播种，只在小麦垄间犁地（不翻土），后直接播种。

三、选种及种子处理

（一）选种

良种是荞麦高产的基础，可从外地引进或选用当地优良品种。选择品种时一般要考虑以下因素。

（1）生育期短。尤其应注意从不同地区引种时造成的生育期变化。

（2）产量表现。包括对不同肥力条件的适应能力。

（3）抗逆性。包括抗旱、抗倒伏、抗病虫、耐寒、耐高温的能力。

（4）品质。包括籽粒大小、色泽等属性，应以选择生长发育快、抗倒伏、抗病虫害、产量高、生育期为 70~80 天的品种为宜，如北海道、美国甜荞等。

（二）种子处理

一是精选种子。选用饱满整齐的种子，这样可以提高种子的发芽率，为培育壮苗打下基础。精选的方法有风选、筛选、水选和人工精选等。二是播前种子处理。处理的方法有晒种、浸种、拌种、闷种等。晒种是播种前 5~7 天，选择晴朗的天气，于 10:00—16:00 在向阳干燥的地方把种子摊一薄层，经常翻动，连续 2~3 天即可。温汤浸种也有提高出苗率和减轻病虫害的功效。其方法是用 40 ℃的温水浸种 10~15 分钟，先把漂在上面的秕粒捞出弃掉，再把沉在下面的饱粒捞出晾干即可。用 10%草木灰浸出液浸种，或用硼酸、钼酸铵等含有硼、钼、锌、锰微量元素的化合物水溶液浸种，可促进荞麦生长发育，增产效果明显。在地下害虫严重的地方，可选择辛硫磷等药剂拌种。为了缩短播种至出苗时间，提高出苗率，可以在温汤浸种后闷种 1~2 天，待种子开始萌动时立即播种。

四、播种

（一）适期播种

荞麦在北部为春播，南部在冬小麦收获后复种，春播一般在 6 月上中旬，夏播播种期是由小麦收获期来确定的。荞麦必须在早霜前成熟，最适宜的播期为 7 月上中旬。

（二）播种方法

播种方法主要有撒播、点播、条播 3 种。撒播又可分为先耕地后撒籽和先撒粒后耕地 2 种。其优点是有利于雨后抢墒播种、省工省时；缺点是种子稀稠不匀、深浅不一、出苗不齐。点播的方法是用犁开沟或人工挖穴，然后把种子和有机肥一起点入沟或穴沟，再耙耱覆土。一般每亩点播 5 000~6 000 穴，每穴 10~15 粒种子。其优点是便于集中施肥和田间管理、出苗率高、通风透光好；缺点是植株分布成丛、单株营养面积小、密度也不易掌握。条播分为耧播和犁播，一般行距为 20~30 厘米。犁播的方法是用犁开沟，把种子和种肥一起溜入沟内，然后耙耱覆土。条播的优点是覆土深度基本一致、出苗率较高、幼苗整齐、有利于通风透光、便于田间管理。

播种深度一般以 5~6 厘米为宜，夏播宜浅，3~4 厘米；墒情差易深，墒情好易浅；砂性土宜深，黏质土易浅。

（三）合理密植

荞麦的实际种植密度主要由播种量和出苗率决定。出苗率受整地质量、播种方法、种子品质、土质、墒情等因素的影响，变化很大。因此，确定播种量前必须考虑到这些因素，适当调整播种量。如果在一般条件下条播时，每亩播种 3.5~4 千克即可，而撒播时每亩需播种 5 千克。

五、施肥

荞麦耐瘠薄，但适当施入磷钾肥能显著提高其产量。可将肥料作种肥施入，一般在播种时每亩施磷酸二铵 3~5 千克、磷肥 30 千克，并加入适量优质有机肥。施用时要注意把化肥与种子分开，防止烧苗。

六、田间管理

（一）保全苗

要做好播前精细整地、选用饱满的新种子、防治地下害虫等工作。出苗时若遇雨地表板结，造成严重缺苗，应在地面白背时及时耙耱，破除土壤板结层，保证全苗。

（二）中耕除草

荞麦长出第一片真叶时即可中耕。如果播量过大，这次中耕还应疏苗，锄去多余弱苗。现蕾前进行第二次中耕，如果追肥，应先撒肥料，在中耕时把肥料埋入土中。

（三）辅助授粉

荞麦是异花授粉作物，主要通过昆虫或风来传粉，昆虫主要是蜜蜂，而风力传粉又很微弱。花期放蜂，不仅可以提高荞麦的结实能力，而且可以增加蜜源。但是蜜蜂少的地方，还需进行人工授粉来提高结实率，单株结实的粒数可达 100~200 粒，是一种荞麦增收的有效途径。一般辅助授粉在盛花期选择晴天 10:00—17:00 进行，此时无露水，花开放时花药裂开，便于授粉。辅助授粉方法：用长 20~25 米的绳子，系一条狭窄的麻布，两人拉着绳子的两端，分别沿着地的两边，往复过 2 次，行走时让麻布接触荞麦的花部，使其摇晃抖动，每隔 2~3 天授粉 1 次，共授粉 2~3 次即可。

（四）防治病虫害

荞麦的病害主要有立枯病、白霉病，虫害主要有蚜虫、黏虫等。防治病害，可采用 20%三唑酮可湿性粉剂 1 000倍液；对低畦田还须少灌水，降低湿度、控制病害。防治虫害可采用 80%敌敌畏乳油 800 倍液喷雾。千万不能用中等以上毒性农药，以免增加荞麦籽粒中农药的残留量，降低荞麦品质。

七、适时收获

荞麦开花期达30~35天，开花后23~30天成熟。由于植株从下向上，从主茎到分枝开花、结实的时间迟早不一，成熟期也不一致，所以不能等全株成熟时收获。一般在下部有七成以上成熟、上部仍有少量花开放时收获。选择在上午露水未干时进行收获，以减少落粒。

第九节　藜麦有机旱作栽培技术

藜麦原产于南美洲安第斯山地区，于20世纪60年代引入中国。近年来，我国藜麦种植面积快速增长，在河北、山西、内蒙古、吉林、四川、贵州、云南、西藏、甘肃和青海等20余个省（区、市）均有分布。藜麦具有较强的抗旱、抗寒、耐盐、耐瘠薄等特性，适宜在高海拔冷凉地区生长。藜麦籽粒营养丰富，幼苗可加工成蔬菜，秸秆饲用价值高。种植开发藜麦，有利于调整优化种植结构。

一、轮作倒茬

藜麦不宜重茬种植，应积极推广轮作栽培。北部春播区可与马铃薯、燕麦、大麦、苜蓿、向日葵、油菜等作物轮作。西部春播区可选择豆类（蚕豆、豌豆）、马铃薯、大麦、玉米、小麦、油菜等为前茬。

二、优选良种

藜麦品种区域适应性较窄，应根据当地气候、土壤条件，以能够充分利用温光条件、保证安全成熟为原则，选用通过登记或审定并符合市场需求的品种，避免未经试验试种跨区引种。通常肥水条件好、生产水平高地区选用抗倒、增产潜力大的高产品种，旱薄地选用耐旱、耐瘠薄能力强、稳产性好的品种，机械化水平较高地区选择株型紧凑、抗倒、耐密品种，饲用选择生物产量高、抗逆的品种。南部春/秋播区可选择抗倒、抗穗发芽、中早熟的红藜、黑藜、白藜等经济效益较高品种。

三、整地备播

按照“齐、平、松、碎、净、墒”原则整地，春播区于秋季或土壤融冻交替的春季翻耕 20~30 厘米。若前茬作物施用除草剂，需加大翻耕深度。并结合整地，根据测土配方精准施肥。施足底肥，一般亩施农家肥 1.5~3 吨、尿素 10~20 千克、磷酸二铵 10~20 千克、硫酸钾 3~5 千克，或亩施复合肥 10~20 千克。藜麦出苗对水分依赖较大，应做好播前灌溉，无灌溉条件地区适墒播种或遇雨抢播。

四、适期播种

依据栽培方式、区域气候、机械化水平等，在日平均气温稳定在 5 ℃以上后择期播种，采用地膜覆盖播种的种植区域可适当提前播种，注意花期和成熟期尽量避开雨季。北部春播区一般为 4 月上旬至 6 月中旬，西部春播区无霜期≥100 天的适播期为 3 月下旬至 5 月下旬，一般不能晚于 6 月中旬；可因地制宜选择早熟品种复播，适播期为 6 月下旬至 7 月中旬。南部春/秋播区根据海拔高度、气候条件、作物布局等确定品种播期，注意避开高温季节。幼苗出土后及时查苗补缺，补种以催芽播种为宜，雨后补播或补苗后及时浇水。

五、合理密植

在确保种子活力较高的前提下，条播每亩播种量一般为0.15~0.4千克，穴播以每穴4~6粒为宜。粮用藜麦依据株型和土壤水肥条件一般每亩定苗为4 000~12 000株，饲用藜麦适当增加密度，一般每亩定苗12 000~18 000株。播种方式可采用条播、覆膜穴播、裸地穴播以及育苗移栽等，一般行距为30~60厘米、株距10~20厘米、播深1~3厘米，播后适当镇压，使种子与土壤紧密结合。

六、追肥控水

藜麦耐逆性较强，可在初花期进行叶面追肥，建议每亩用50克硼肥+100克磷酸二氢钾兑水喷施，防止藜麦“花而不实”，叶面施肥宜淡不宜浓。依据土壤墒情和降水量分布确定全生育期浇水次数及每次浇水量，现蕾期和开花期对土壤水分反应敏感，应做到按需灌溉。后期灌水要尽量避开大风天气，以减少倒伏。

七、病虫草防治

坚持以农业防治、物理防治为主，化学防治为辅，重点防治霜霉病、叶斑病、根（茎）腐病、跳甲、蟀象、草地螟、斑蝥、蚜虫、蛴螬、蝼蛄、地老虎、地蛆、筒喙象等常见病虫害。选择抗病品种，播种前进行种子消毒处理，土传病害或地下害虫频发的地区进行种子包衣。藜麦目前没有专用除草剂，以人工除草为主，应结合中耕加强杂草防控。一般中耕培土2~3次，松土而不损伤根系，苗期5~6叶（或株高20厘米）时进行第一次除草松土，初花期（或株高40厘米）时进行第二次中耕除草，第三次中耕除草根据藜麦生长和杂草情况灵活实行。覆膜栽培按照上述要求清理穴孔中的杂草。

八、适时收获

藜麦种子活性强，无休眠期，应适时收获。当植株叶片变黄变红、叶片大多脱落、茎秆开始变干、种子进入蜡熟期时组织收获。可人工收割或采用联合收割机收获。为保证品质，收获前须去掉病穗、杂株，收割后及时拉运摊晒，防霉烂、防变质。收获时间宜选择清晨，减少籽粒脱落损失。

第十节　糜子有机旱作栽培技术

糜子是我国重要的杂粮作物，主要分布在我国西北、华北、东北干旱、半干旱地区。主产区包括东北春糜子区、北方春糜子区和黄土高原夏（春）糜子区。总体看，我国大部分糜子产区春季气温回升快，土壤墒情良好，有利于播种，但局部还存在干旱、气候不确定性大等不利因素。

一、播前整地

糜子连作对产量影响较大，要注意轮作倒茬。东北春糜子区可与玉米、大豆、高粱、油菜等作物倒茬；注意整地质量，确保还田秸秆翻盖完全、耙平整细。西北春夏糜子区可与马铃薯、豆类、玉米等作物轮作倒茬。提倡在秋末完成灭茬、整地、施基肥等播前准备工作。要在前作收获后及时深耕灭茬、立土晒垡、熟化土壤、纳雨蓄墒。糜子籽粒小，顶土能力弱，整地质量对糜子保全苗影响大。糜子种植相对较晚，秋整地田块春季可浅旋耕灭草；春季整地宜深松，尽量打破犁底层。由于春季整地造成耕层土壤过虚，容易造成吊苗，因此，整地后要及时镇压，使土壤达到“上虚下实”、表土平整。耕、耙、耱、镇压连续作业，打好播种基础。

二、种子处理

糜子对光、温反应敏感，广适型品种缺乏，不同生态区要根据当地自然生态条件和生产实际，选择熟期适宜、高产稳产的优良品种，杜绝跨区域盲目引种。东北、华北区以糯性品种为主，西北地区以粳性品种为主。

播前晒种 1~2 天，提高种子活力和发芽率。播前用种子药剂拌种，防治糜子黑穗病。根据土壤肥力、产量水平确定氮、磷、钾用量。

三、科学施肥

施肥以基肥为主，结合春季整地一次施入。一般亩施有机肥 500~1 000 千克、氮（N）10 千克、磷（P_2O_5）4 千克、钾（K_2O）4 千克。在 8~9 叶至抽穗期也可趁雨亩追尿素 5 千克。覆膜种植提倡一次性施肥，亩施有机肥 500~1 000 千克、120 天控释氮（N）10~12 千克、磷（P_2O_5）4 千克、钾（K_2O）4 千克，全生育期不再追肥。

四、适期播种

糜子种植区域跨度大，各地根据当地实际和土壤墒情抢墒播种。东北春糜子区 4 月下旬至 5 月下旬，北方春糜子区 5 月下旬至 6 月上旬机械条播或穴播。按照区域气候特点，糜子播种分为垄上播种和平地播种；高寒冷凉区可采用覆膜穴播或膜侧穴播。一般亩播量 1.0~1.5 千克，亩基本苗 4 万~6 万株。各地可根据留苗密度要求，适当间苗。

五、田间管理

拔节后及时中耕除草，达到苗眼清晰、无杂草。拔节期结合中耕亩追施尿素，挑旗时喷施0.2%磷酸二氢钾溶液，防止后期脱肥。苗期使用杀虫剂喷雾，防治黏虫和粟茎跳甲。麻雀多的地方要注意驱避。

六、适时收获

一般穗基部的籽粒变硬且能用指甲掐破时即为适收期，收获过晚易风吹落粒。收割时捆成小捆码起晒穗，及时脱粒。机械收获应分别进行收割与脱粒，收割后应后熟7~10天再进行脱粒。

第十一节　胡麻有机旱作栽培技术

胡麻按用途分成纤维用亚麻、油用亚麻和油纤兼用亚麻。

胡麻是重要油料作物之一。胡麻油气味芳香、品质良好，含有丰富的饱和酸、高价碘，不仅食用性好，而且工业价值也很高，是很好的油漆、油墨原料；同时还可以制造防水布、印刷油和油画色，并广泛应用于肥皂、制革、橡胶工业。

一、播前准备

（一）选用良种

精选种子，选用丰产、优质、抗病、抗逆的优良品种。胡麻种子播种前应进行挑选，清除杂质、秕粒和受潮变质的种子，选择籽粒饱满、光泽度好的种子，精选后的种子在日光下摊晒3~5天，可提高种子的发芽势和发芽率。

（二）合理轮作

胡麻不宜连茬，否则容易过多消耗土壤中的养分，引起养分失衡；同时也会导致病虫草害（如立枯病和萎蔫病、菟丝子等）严重发生，进而造成产量降低甚至绝产。因此，胡麻合理轮作，能减少病虫草害、改善土壤营养状况、提高地力，使胡麻出苗整齐、生长健壮、分枝及蒴果数增多、提高产量。谷类、玉米、豆类、紫花苜蓿、小麦、大麦等作物均可作为胡麻的优良前茬，胡麻轮作周期一般应在 3 年以上。

（三）精细整地

胡麻籽粒小，顶土力较弱，应实行秋季深翻，耕深要达到 20~30 厘米，播前要精细整地，做到深耕细耱，地面平整，土块细碎。

二、播种

（一）播种期

当 5 厘米深的地温达 5~9 ℃，平均气温稳定到 7~8 ℃时是胡麻的最佳播种期，胡麻播种期一般在 3 月中下旬至 4 月上旬，应适期早播，因为胡麻播种对产量影响很大，适时早播能充分利用春季地墒，有利于苗全、苗壮。

（二）播种方式

提倡耧播，推广机播，播种深度以 2.5~4 厘米为宜。土壤墒情良好时，覆土以 2.5~3 厘米为宜；土壤墒情较差时，覆土可稍深些，但不宜超过 4 厘米，否则会严重影响出苗率。

（三）播种量

如果播量太小，群体不够；播量太大，容易引起倒伏，都不利于高产。因此，合理密植是关键。山旱地亩播量一般 2.5~3.5 千克，亩保苗 25 万~30 万株；灌区亩播量以 4~6 千克为宜，亩保苗 30 万~40 万株。

三、田间管理

（一）灌水

胡麻苗水以两水为宜，在苗后 5~10 厘米灌头水，头水要足，现蕾前进行第二次灌水，开花后应慎重浇水，以防贪青倒伏。

（二）施肥

以基肥为主，每亩施农家肥 2 000~3 000 千克、尿素 10 千克、过磷酸钙 50 千克；种肥以每亩磷酸二铵 5 千克拌种为宜，适量追肥和喷施叶面肥可有效增产。

（三）中耕锄草

及时中耕锄草，避免杂草与幼苗争水分、养分，而且可以切断土壤毛细管孔隙，减少土壤水分蒸发，蓄水保墒，提高地温，促进根系生长和土壤微生物活动，有利于胡麻生长。在胡麻生长期间一般要求进行 2~3 次中耕。苗高 10 厘米左右时进行第一次中耕，以 3~6 厘米为宜，但要锄细，现蕾时进行第二次中耕，深度可达 10 厘米左右。

（四）病虫草害防治

播前用 50%多菌灵可湿性粉剂按种子重量的 0.3%拌种可有效防治胡麻主要田间病害。防治地下害虫播前用每亩 0.5 千克 50%辛硫磷乳油掺细土 20 千克处理土壤，可有效防治地老虎等地下害虫；生长期间如发现虫害应及时喷药，在虫害防治上及时采取连片、联防措施加以防治。防治草害播种前用 48%氟乐灵乳油 100~150 毫升兑水 30~50 千克进行土壤处理。胡麻株高 10 厘米左右、杂草 2~5 叶期为化学除草的最佳时期，胡麻田安全除草剂主要有精喹禾灵（禾本科杂草）、2 甲 4 氯钠（阔叶类杂草）等，除草剂要严格按照产品说明的方法和用量使用，切忌过量。

四、适时收获

胡麻收获的适宜期为黄熟期，即在75%的蒴果和茎秆变黄、下部子叶脱落、种子变硬时进行收获。收获前应拔除结籽的杂草和芝麻菜等，留种田还应拔去杂株，以保证种子品质，收获后及时晾晒脱粒。

第四章 果蔬有机旱作栽培技术

第一节　有机旱作果园土壤管理

有机旱作果园土壤管理区别于传统旱作的技术特点主要是进一步提高水肥利用率。发展有机旱作果园生产，应以增强果园土壤纳雨蓄墒能力、提高水肥利用率为目的，才能实现优质高效的果树生产。

一、工程节水

山区果园所在位置的坡度较平原果园要大，降雨后易造成水土流失。在果树栽植前，需改变园内地表微地形，可通过选择隔坡水平沟等不同保水工程。

（一）根域局部肥水调节技术

1. 穴贮肥水技术

穴贮肥水技术采用地膜或园艺地布覆盖收集雨水并防止土壤中的水分蒸发，利用草把构建下渗通道，在果树根系集中分布层通过穴施秸秆将施入的肥水贮存起来，逐渐释放养分供给果树生长吸收。穴贮肥水可使果树肥水供给稳定，减少损失，能明显改善旱地果树生长发育，达到增产和壮树的目的。

2. 蓄水坑灌技术

蓄水坑灌技术是一种适用于北方干旱果林灌溉的中深层立体

灌溉方法，具有拦蓄径流、保持水土和提高抗旱能力的优势。试验表明，蓄水坑灌条件下果树不同植株器官对氮肥的吸收情况要优于地面灌溉，氮肥利用率比地面灌溉提高5%以上。

3. 穴孔肥水调节技术

在塬面和坡面现有小型水保工程的基础上，钻取一定直径和深度的孔穴，形成一个有效拦截降雨的“入渗孔”，能减少地表径流，增加深层土壤水分，通过水分导流进入根域而实现雨水的高效利用。穴孔式施肥有利于水分向土壤深层下渗，且有机物质和生物肥料有较好的持水性，可提高孔内及其周边较深层土壤的相对含水量，为果树水分需求提供稳定的保证。

（二）节水灌溉

1. 水肥一体化微灌技术

在旱区可以结合蓄水窖采用水肥一体化微灌技术进行节水灌溉，最节水的是膜下滴灌。水肥一体化微灌技术可解决山地旱作果园降水期与果树需肥规律不相匹配时的水肥同步管理和高效利用，达到省工省时、提质增效的目的。滴灌可以控制灌水数量和频率，从而提高水分利用率。由于肥料直接施在植株根区，可显著提高肥料利用率。

采用施肥枪注射施肥是一种简易的水肥一体化技术，先将可溶性肥料与水按一定比例进行配兑，再通过施肥枪向树体根系周围的土壤中直接注入肥料溶液，以增加土壤中的有效水分。

2. 交替滴灌

集雨量不足时可采用根系分区交替滴灌方式，能刺激根系加快生长，同时降低树体的蒸腾速率，有利于调节根系和树冠层的生长，优化干物质向各个器官的均衡分配，此方式有利于提高果树对环境的适应能力及节水调控能力，在干旱地区有极广阔的应用前景。

二、农艺节水

（一）生物覆盖

果园地面实施有机物覆盖是现代果园的重要栽培措施之一。果园进行生物覆盖（如粉碎的秸秆、枝屑、绿肥等）后，能减少地表径流和水土流失、降低土壤水分蒸发、增加土壤有机质含量，还具有阻止杂草生长的作用。生物覆盖措施能提高雨水在果园的蓄积，具有水库蓄积作用。研究表明，残茬秸秆覆盖一般平均多蓄水 45～70 毫米，可减少水土流失 58.7%～62.9%，增产 20%～30%。

（二）生草覆盖

多数旱地果园将传统的“清耕制”作为日常的管理方式，长期而频繁的旋耕会过度破坏土壤结构，使土壤水土保持能力降低，尤其是园区遇到暴雨，水土流失加重。果园土壤有机质含量提升，不是短时间内能解决的问题，需要长期缓慢提升，果园生草覆盖是一个明显而有效的方法。生草覆盖可以提高果园土壤以羧基碳为主的总有机碳、水溶性有机碳等的含量，果园长期生草覆盖可调节土壤微域环境，改善土壤养分状况，提高土壤综合肥力水平。

在果园的生草管理方面，旱地果园可通过刈割控制生草的生长，降低树草肥水的竞争。一年中可通过多次刈割，始终将草高控制在 10 厘米左右，减少草的生长量，降低草的耗水量，减缓树草肥水矛盾。雨季促进生草生长，消耗多余水分，控制树体生长。

（三）间作覆盖

旱地果园在山坡面上可种植绿豆、黄豆、甘薯、花生、马铃薯等生长期短、植株矮小且不与果树争肥水的农作物。对于经济价值较低的旱地果园，进行经济作物的间作覆盖，还有利于增加果农的收入。

（四）地膜或园艺地布覆盖

果园为保墒进行地膜覆盖，该技术操作简便、成本低、效果明显，近年来更流行使用园艺地布进行覆盖。一般地膜长期使用后对土壤结构具有破坏作用，残膜会严重阻碍果树根系对土壤中水肥的吸收转运。目前，市场上已由普通地膜发展到渗水地膜、可降解地膜等。研究表明，白色地膜和地布覆盖与裸地相比，均可改善枣树土壤水热条件，更适用于旱作山地果园管理。

旱地果园多为雨养农业，干旱缺水成为影响旱地果园生产潜力的重要限制因素，可通过农业技术措施实现果园根域肥水调控。土壤有机质含量低是限制旱地果园生产力的另一个主因。有机肥施入土壤中能通过增加土壤中胶结物质的方式促进土壤团聚体的形成，进而增加土壤团聚体质量分数和稳定性，从而提高土壤结构状况，提高土壤中有效水分的体积分数。近年来，大部分果园尤其是经济价值较高的果园，常常通过增施有机肥来提高果品品质，该方法还有提高蓄水保墒能力的功效。

第二节　苹果有机旱作栽培技术

一、宽行窄株密植建园

（一）园地选择

选择年均温在 9~12 ℃、1 月下旬平均气温>-14 ℃、昼夜温差>7.1 ℃、年最低温>-27 ℃、6—8 月平均气温 19~23 ℃、年≥35 ℃气温的天数<6 天、夏季平均最低气温 15~18 ℃、海拔 800~1 300 米、年日照时数 2 200~2 400 小时的区域。若在山

区、丘陵地建园，园址坡度小于 15°，选择背风向阳的南坡或西南坡。土壤以黄绵土、砂壤土为宜。优先选择交通便利和有水源的地块，避开冰雹线和环境污染地带。

（二）苗木品质

选择高度 1.3 米以上、粗度 1.2 厘米以上、侧根数量 5 条以上、根系长度 20 厘米以上的无病毒苗木。

（三）栽植密度

可根据栽植品种而定，一般株距为 1.0～1.5 米，行距为 4 米。

（四）起垄覆盖

从中心干处开始起垄，内高外低，高度 20～30 厘米，可根据树冠及枝展情况，确定单侧垄面的宽度，一般为枝展的 2/3，最大不超过 1.5 米。树行两侧垄面选用 90 克/米^2、1～1.5 米宽幅园艺地布进行覆盖。先于中心干处将地布叠压搭接 5～10 厘米，中心干两侧用 16 厘米长的地钉进行固定，其余位置可每隔 50～80 厘米用地钉进行固定，最后在两侧垄面的最低处，用地钉将地布一侧进行固定。

（五）立架

栽植行内从第一株树开始，每隔 8～10 米竖立 1 根镀锌钢管，钢管规格为直径 5 厘米、高 5 米。竖立钢管时，要将钢管固定于预埋件中并地埋 0.6 米，预埋件规格为长 0.3 米、宽 0.3 米、深 0.5 米。钢管立好后，沿栽植行方向在钢管中心，分别离地面 1.2 米、2.4 米、4.3 米处钻孔贯通，并将钢绞线穿过每根钢管，钢绞线直径为 3 毫米，钢管孔径以稍大于所用钢绞线直径为宜。从地面向上，第一、第二道钢绞线用来固定苹果树中心干及侧枝，第三道钢绞线用来安装倒挂微喷装置。

（六）灌溉设施安装

1. 首部枢纽

首部枢纽及配套设备设计、安装，按照 DB 14/T 1586—2018《SH 矮砧苹果滴灌技术规程》要求进行。

2. 滴灌管铺设

滴灌管铺设于起垄完成之后，并使其覆盖于园艺地布之下。滴灌管宜采用质量较好的压力补偿式滴头，铺设长度≤100 米。园艺地布叠压搭接前，于树体两侧，平行于栽植行分别铺设 1 行滴灌管。铺设时滴灌管要留有胀缩余量，不宜拽得太紧，并使滴头向上，完成后叠压、固定地布。滴灌管距离中心干位置的确定，可按照幼龄树（1~3 年）在两侧距中心干 30 厘米处分别铺设，中龄树（3~5 年）在两侧距中心干 50 厘米处分别铺设，成龄树（5 年以上）在两侧距中心干 70 厘米处分别铺设。

3. 倒挂微喷管道布置

选用外径为 63 毫米、工作压力为 0.8 兆帕的 PE 管作为支管，沿每条栽植行的第一个立架外侧，连接输水支管和倒挂支管，并安装快开阀门。选用外径为 25 毫米、工作压力为 0.8 兆帕的 PE 管作为倒挂支管，并绑缚固定于立架的第三道钢绞线上。倒挂支管每隔 1 米安装外径为 5 毫米的 PE 毛管，毛管长 30 厘米，毛管末端连接防滴雾化喷头，喷头流量 40 升/时。

二、水肥管理

（一）三元滴灌施肥

三元滴灌施肥是指果园滴灌时，依据树体生理特性及需求，全年分别滴入 3 种不同的水溶性有机肥料、水溶性无机肥料和微生物菌剂（克雷伯氏菌、枯草芽孢杆菌、不动芽孢杆菌、哈茨木霉菌按一定比例组成的混合发酵液）。

1. 萌芽期至开花期

幼龄树（1~3 年）灌水定额为 100~125 米^3/公顷，可不施肥；成龄树（5 年以上）灌水定额为 150~200 米^3/公顷，随水滴施硝酸铵钙 600~900 千克/公顷，保持土壤含水量为田间持水量的 60%~70%。

2. 新梢旺长期

幼龄树灌水定额为 100~125 米^3/公顷，可不施肥；成龄树灌水定额为 150~200 米^3/公顷，可按 N：P_2O_5：K_2O=20：5：15 随水滴施水溶性复合肥 240 千克/公顷，保持土壤含水量为田间持水量的 70%~80%。

3. 花芽形成期

幼龄树可不灌水；成龄树灌水定额为 100~125 米^3/公顷，可随水滴施水溶性腐植酸 15 千克/公顷。保持土壤含水量为田间持水量的 50%~60%。

4. 果实膨大期

幼龄树灌水定额为 75~100 米^3/公顷，可不施肥；成龄树灌水定额为 130~180 米^3/公顷，微生物菌剂和水溶性复合肥交替随水滴入，微生物菌剂滴入量为 15 千克/公顷，按 N：P_2O_5：K_2O=16：6：26 随水滴入水溶性复合肥 180 千克/公顷，保持土壤含水量为田间持水量的 70%~80%。

5. 果实采收前

幼龄树可不灌水；成龄树灌水定额为 100~125 米^3/公顷，可随水滴施水溶性腐植酸 15 千克/公顷，保持土壤含水量为田间持水量的 70%。

6. 果实采收后封冻前

幼龄树灌水定额为 100~125 米^3/公顷；成龄树灌水定额为 150~230 米^3/公顷，可随水滴施微生物菌剂 15 千克/公顷，保持土壤含水量为田间持水量的80%以上。

（二）通气静态垛式堆腐

1. 果枝粉碎

可采用粉碎直径为8厘米的果枝粉碎机，选装7.5千瓦电动机或9.5千瓦柴、汽油机，将修剪下来的果枝粉碎为0.5～0.7厘米^2、0.02厘米厚的碎屑，用水浸泡至含水量50%～60%。

2. 有机物料复混

按质量比，粉碎果枝：农家肥为6：1混合拌匀，可添加适量尿素调整C：N（碳：氮）至25：1，添加水分至含水量约50%，按照质量比100：1添加微生物菌剂。

3. 通风促腐管制作及堆腐发酵

将直径110毫米的PVC管通体按照5厘米间距、孔径8毫米打孔，制成通风促腐管，两侧配备通风盖。按照梯形横切面上边1米、下边1.6米、高1米堆垛，垛长根据场地确定。通风促腐管置于堆体中心，埋向与风向平行，通风促腐管两端露出堆体。堆体温度升高到60 ℃时，打开通风盖进行通风，待堆体温度降低到30 ℃时，关闭通风盖。温度不再变化，物料发酵成柔软的黑色或黑褐色、无臭味时表示堆腐发酵完成。

三、倒挂微喷

（一）叶面喷肥

选择无风的清晨或傍晚进行，先喷清水3分钟，再喷配好的肥液或药液2分钟，最后喷清水冲洗管道1分钟。

（二）增湿降温

在白天气温≥30 ℃或夜间气温≥20 ℃时，于傍晚喷清水10～15分钟，促进果实着色，提高可溶性固形物含量。

（三）预防晚霜

晚霜来临前，全园连续喷水，维持花器温度为0 ℃左右；或喷施含氨基酸水溶肥料 1 500~2 000倍液，增强树体抗性，提高坐果率。

四、果园土壤培肥

（一）选种

选择解磷活钾的诸葛菜、油菜或固氮肥田的长柔毛野豌豆、大豆。

（二）播期及播量

9 月下旬至 10 月初进行常规条播，诸葛菜和油菜播量控制在 15 千克/公顷，长柔毛野豌豆和大豆播量控制在 70 千克/公顷。

（三）施肥及刈割

播种时不施肥，生长季可结合降雨或灌溉追施尿素 8~15 千克/亩。于盛花期刈割还田最佳，刈割后覆盖地表，结合秋季翻压还田或每 2~3 年翻压还田 1 次，耕翻深度不低于 20 厘米。

五、适水树形管理

（一）树形选择

树形采用自由纺锤形或高纺锤形。树高 3.0~4.0 米，干高 0.8~1.0 米，平均冠幅 1.0~1.5 米，无主枝，中心干与小结果枝粗度比为（5~7）：1，中心干上着生 30~50 个螺旋排列的结果枝，结果枝组与中心干角度为 100°~130°，同侧结果枝上下间距不小于 20 厘米，成形后高纺锤形的苹果树在秋季的亩留枝量为 8 万~12 万条，长、中、短枝比例为 1：1：8。

（二）整形修剪

1. 高纺锤形

主干高 80~90 厘米，树高 3.5~4.0 米，平均冠幅 1.0~1.5

米，中心干与小主枝粗度比为（5~7）：1，中心干上着生 30~50 个螺旋排列的结果枝，结果枝组与中心干角度为 100°~130°，同侧结果枝上下间距不小于 20 厘米，成形后高纺锤形的苹果树在秋季的亩留枝量 8 万~12 万条，长、中、短枝比例为 1：1：8。适合矮砧栽培。

（1）定植第一年。在 1.5 米处短截，定植后所有侧枝全部留桩短截，套膜管，促芽萌发，发枝少的要采取促芽措施，保证芽萌发。新梢长度达到 15~20 厘米时用牙签开角，到枝条长到 40~50 厘米时开始拉枝。树冠下部枝条开枝角度为 100°，中部枝条在 110°~120°夹角，上部枝条全部拉成 130°夹角。生长旺盛枝条配合抹芽、摘心、摘叶缓和生长势。

（2）定植第二年。萌芽前，从中心干 80 厘米以上未发芽处继续刻芽，对一年生枝粗度超中心干 1/5 的枝条，留桩 1~2 厘米回缩。5 月上中旬将剪口发出的双枝或多枝疏除，留单枝。6 月当新梢长至 30 厘米左右时，摘心、拿枝、开角器开张主枝基角。8 月中下旬树冠下部枝条开枝角度为 100°，中部枝条在 110°~120°夹角，上部枝条全部拉成 130°夹角。冬剪时疏除中心干同侧结果枝上下间距小于 15 厘米枝条，疏除时留桩 1 厘米。

（3）定植第三年及盛果期。修剪侧枝上萌发的小侧枝，疏除超过 5 厘米的小侧枝。疏除背上枝、背下枝，保持主枝单轴延伸；对较旺的主枝可破顶芽，促发短枝，控制生长。结果枝组结果 3 年后要通过刻芽培养更新枝组。

2. 自由纺锤形

主干高 50~70 厘米，树高 3.0~3.5 米，中心干上螺旋着生 15~20 个主枝，均匀向四周伸展，螺旋插空排列，每个主枝间隔 20 厘米左右，下长上短，同侧中心干主枝间距大于 60 厘米，下部主枝开展角度为 80°~90°，上部开展角度为 90°~110°，下部主枝长 1~2 米，在小主枝上配置中小结果枝组，随树冠由下而上，结果枝组由大变小、由长变短，树形下大上小，呈阔圆锥形。适合乔砧和矮砧栽培。

（1）定植第一年。定植后根据苗木品质定干，最好在 1.2~1.5 米饱满芽处定干，去除剪口下第二、第三、第四芽，距地面 60 厘米以上主干上的所有分枝全部留 1.5 厘米马蹄桩短截；剪口涂抹愈合剂；4 月上旬萌芽前，在距地面 80 厘米以上的主干光秃部位刻芽，每隔 2~3 个芽在芽体上方 1 厘米处刻芽；萌芽后距地面 60 厘米之间的萌芽及时疏除，当年新梢长至 15 厘米半木质化时，使用牙签支撑开张角度；8 月底开始拉枝，将下部枝条拉成 90°，上部枝条拉成 100°。

（2）定植第二年。3 月中旬至 4 月上旬萌芽前，对超过中心干 1/3 的侧枝留桩疏除，枝量超过 8~10 个后要从基部疏除过密的旺枝，对上部一年生中心干继续刻芽，促发新枝，生长季主干延长头的修剪方式参照第一年，主要是开角、摘心和拉枝；确保第二年树体高度达 3 米左右，着生的侧枝数量为 15~20 个。选留的一年生骨干枝早春修剪时长放，并对枝条两侧进行刻芽处理，背上芽及时抹除；骨干枝延长头的当年生枝每增长 30 厘米进行 1 次摘心，长势旺时要连续摘心、摘叶，9 月初及时疏除竞争头。对长势较旺的树可进行主干环割。

（3）定植第三年。修剪主要是疏除骨干枝上着生背上枝，对小侧枝及时摘心、摘叶，直立枝 8 月下旬至 9 月初及时拉枝。

进入盛果期的树体要及时更新结果枝组，避免造成树体早衰。主要修剪方式为短截、缓放、拉枝、摘心。修剪时期：以夏剪为主，但在去粗枝时旺树以夏剪为主，弱树以冬剪为主。

六、蒸腾抑制剂应用

选用 2 克/升的多功能植物抗旱生长营养剂，分别于新梢旺长期、新梢二次生长期、果实成熟期喷施全树，覆盖全部叶片，至叶片出现液滴。

第三节　玉露香梨有机旱作栽培技术

一、建园

（一）园地选择

选择较平整的塬面，并满足年平均气温 8.5~13.5 ℃，冬季最低气温≥-25 ℃，海拔 800~1 200 米，日照时数≥2 200 小时，无霜期≥150 天，年降水量 350~800 毫米，土质为壤土或砂壤土，土层厚度在 2 米以上。

（二）苗木选择

选用杜梨作砧木的一级苗，优先选用旱地苗圃的苗木。

（三）授粉树配置

至少配置 2 个授粉品种，配置比例为（4~6）：1，且应选择在当地种植后花期一致的品种，如黄冠、红香酥、雪花梨、鸭梨等。

（四）栽植

采用 2 米×4 米的株行距，南北成行。定植坑长、宽、深均为 60~80 厘米，每坑施腐熟的农家肥（羊粪、猪粪或牛粪）5~10 千克，并与表土充分搅拌。3 月下旬至 4 月上旬定植，定植后立即充分灌水。严重缺水地区，栽植前根系需蘸泥浆，并于定植后整株喷施抑蒸剂。萌芽前，在 1.2~1.5 米处选择饱满芽定干，抹除剪口下第二、第三、第四芽，并酌情套塑料膜管。

二、水分管理

（一）幼龄树

1. 覆盖保墒

在垂直于树行并距树干中心 60 厘米处起垄修建树盘，垄高 10~15 厘米。选用 60~80 厘米宽、0.008 毫米厚的黑色地膜或选用 90 克/米^2、80 厘米宽幅的园艺地布，从两侧分别覆盖树盘。

2. 集雨蓄水

以树盘为集雨沟，不另行开沟。

（二）成龄树

1. 覆盖保墒

从中心干处开始起垄，内高外低，坡度 2°左右，可根据树冠及枝展情况，确定单侧垄面的宽度，一般为枝展的 2/3，最大不超过 1.5 米。树行两侧垄面选用 90 克/米^2、1~1.5 米宽幅的园艺地布进行覆盖。

2. 集雨蓄水

在覆盖的外缘，开挖与树行平行的水平沟。可根据树龄选择沟宽 30~40 厘米、深 50~70 厘米的水平沟作为集雨沟和施肥沟，其上覆草或秸秆，厚度为 15~20 厘米。

3. 喷施抑蒸剂

（1）抑蒸剂的选用。选用吸收型抑蒸剂（主要成分为黄腐酸）。

（2）使用时期。分别于花期、新梢旺长期和果实成熟期各喷施 1 次；如遇干旱年份，分别于花期、新梢旺长期、新梢停长期和果实成熟期各喷施 1 次。

（3）用量和用法。将吸收型抑蒸剂稀释后喷施树体。如在苗木定植时使用，可在建议浓度基础上增加 10%～15%。喷施应选择早晚无风时进行，喷后 4 小时遇雨淋需重新喷施。

三、土肥管理

（一）幼龄树

在垂直于树行且距中心干两侧 40 厘米处，分别开挖施肥沟，施肥沟长 40 厘米、宽 30 厘米、深 50 厘米，按每株施腐熟农家肥 10 千克的标准，均匀撒施在施肥沟底部，与底土混匀，待有效降雨后（一般≥5 毫米）覆盖地布或地膜。

（二）成龄树

1. 基肥

于果实采收后，按照株施 30～50 千克的标准，将农家肥与底土混匀后施于地布两侧的集雨沟内，压埋填土 5 厘米，集雨沟深度需≥50 厘米。

2. 追肥

第一次追肥在萌芽后，以氮肥为主，株施尿素（总 N 含量 40%）0. 5～1. 5 千克；第二次在花芽分化及果实膨大期，以磷钾肥为主，株施氮、磷、钾三元复合肥（总养分≥51%）1. 0～2. 0 千克；第三次在果实生长后期，以钾肥为主，株施磷酸二氢钾（P_2O_5 含量 52%）0. 5～1. 5 千克。3 次追肥应在有效降雨前进行，并均匀撒施于两侧集雨沟内。

3. 叶面喷肥

全年 4～6 次，花后喷施 0. 2%～0. 3%尿素和 0. 1%～0. 3%硼砂（含量≥95%）2 次；生长后期喷施 0. 3%～0. 5%磷酸二氢钾和 0. 1%～0. 3%硼砂（含量≥95%）2～3 次；果实采收后再追施 0. 5%～1%尿素 1 次以达到保叶的目的。叶面喷肥应避开高温时间段。

4. 生草

在行间自然生长的杂草中选择保留狗尾草、繁缕等，拔除恶性杂草如反枝苋、苘麻等，逐渐形成以禾本科草为主的草被。夏、秋两季，刈割 2~3 次，留茬 5 厘米，刈割的草填入小沟内。每 3 年进行 1 次深翻，深度≤30 厘米。

四、整形修剪

(一) 幼龄树

采用细长纺锤形。夏季修剪中，要及时去除中心干上低于 60 厘米处的萌芽。对于刻芽后抽生出的枝条，待长至 10 厘米左右时进行牙签开角，即牙签两端分别顶于中心干与枝条木质部，开角至 80°~90°；中心干上着生小主枝 25~30 个，小主枝上的背上分枝可依据着生部位，适当进行疏除、扭梢或摘心。

在冬季修剪中，根据树势及小主枝总量，选择疏除直径超过中心干直径 1/3 的主枝。如需培养新的小主枝，在计划发枝部位注意留桩，桩长 0. 5~1 厘米，与地面水平。对较大的冬剪伤口应涂抹愈合剂。

(二) 树形改造

通过落头、提干、疏枝、间伐等措施将树体改造成高干开心形。在原纺锤形高度 1. 5~2. 5 米处选留主枝 3~4 个，在 60 厘米左右处进行短截；对预留主枝上的结果枝与结果枝组轻度短截使其交替结果；疏除预留主枝上的病虫枝、背下枝、下垂枝等。选留主枝的延长头开张角度，过大者要短截抬枝，并在剪口下留壮枝、壮芽；开张角度小者，可通过更换延迟头或长期拉枝，以开张角度。

对于中心干上 1. 5~2. 5 米处非留选的骨干枝，过大、过密、过粗者进行控制或疏除，其余不与留选主枝及侧枝相冲突者暂时缓放；对于中心干1.5米以下的骨干枝和结果枝组，要连年有计划、有目的地加以疏除，将干高提至1.5米。对留下暂时利用的大枝应注意开角、限粗，促其成花结果，最终疏除。优先疏除粗大枝、无花枝。及时将可利用枝拉到空位处。

另外，对于改造后仍然郁闭的果园可适当间伐。

（三）盛果期树

以稳定产量为目标、控制总枝量为手段，疏除直立枝、密集枝、冗长枝以及病虫害枝，要求树冠内外枝组分布均匀。按照“去强留弱、去大留小、去远留近”的原则，及时更新结果枝组。

五、花果管理

春季天气转暖，梨花盛开，在自然授粉的同时，还可以采用人工辅助授粉，可以采集授粉树的花粉，也可以到专业部门购买花粉。人工授粉应该尽量避免在早晨有露水和中午高温时进行，授粉时每20厘米左右选1个花序，每个花序点授2朵花。

由于北方地区晚霜危害发生频繁，所以一般不提倡疏花，而是在落花后10~15天，幼果长到1厘米大小时进行疏果。疏果的目的是控制产量、提高果品品质，每20厘米左右留一个单果。疏果时要疏去病虫果、歪斜果、宿萼果，保留果形端正的脱萼果。脱萼果不足时，要保留宿萼果并对其实施人工去萼。

玉露香梨盛花期过后35~40天，即疏果结束后，就要给幼果套上果袋，这样既可以增加果面的洁净度，又可以防止农药污染，减轻鸟害。果袋采用透明塑料袋，袋口有一小段柔软的铁丝，这样套袋后便于密封和固定。

在套袋之前，先喷施杀虫剂阿维菌素等，杀菌剂甲基硫菌灵或多菌灵，喷药后 5 天内把袋套完，如果没有及时套完，就要重新喷药。当果实进入着色初期时，也就是采收前的 4 周左右，要人工去除靠近果面、影响果面光照的叶片，这样可以增加果实表面的着色度，提高果实含糖量和品质。

六、病虫害防治

玉露香梨常见的病虫害有腐烂病、干腐病、黑星病、黑斑病、炭疽病、枝干轮纹病、锈病、梨小食心虫、梨木虱、介壳虫、盲蝽、叶蝉、叶螨类、蚜虫类及鸟害。防治这些病虫害，要贯彻“预防为主，综合防治，保护环境”的原则，幼龄树期要注意防治蚜虫为害，结果树要注意增强树体抵抗腐烂病的能力，如果发生病虫为害，可以根据病虫害发生的实际情况，合理用药，科学防治。

落叶至萌芽前：全树喷一次 5 波美度石硫合剂，或 45%石硫合剂结晶。萌芽至开花前：喷杀虫剂 10%吡虫啉可湿性粉剂 3 000 倍液+杀菌剂 50%多菌灵可湿性粉剂 500 倍液。落花后至幼果套袋前：喷杀菌剂 10%苯醚甲环唑水分散粒剂 2 000 倍液+杀虫剂 25%噻嗪酮可湿性粉剂 1 500 倍液。果实膨大期：喷杀菌剂 80%福·福锌可湿性粉剂 600 倍液。

第四节　蔬菜有机旱作栽培与高效用水技术

一、有机旱作蔬菜节水栽培法

旱地蔬菜采用畦面开设水肥沟，结合地膜覆盖，既可节约用水，又能保存肥效。

按常规整好菜地，起成宽 75 厘米、高 10 厘米的畦，长度不限。在畦面中间纵开一条上宽15厘米、下宽10厘米、深10厘米的小沟，小沟上面每隔50厘米横放一根小竹竿，每根长20厘米，并将其两端分别埋入小沟边的土中压紧，勿让小沟内侧的泥土松动。

先施足基肥，取宽度适当的地膜覆盖整个畦面，将其拉紧（避免垂贴小沟），并压实四周，但要在畦面小沟的一端留出能开口的“活口”，以供灌水或施水肥种菜时每畦种2行（即在畦面两侧各种1行），株距根据不同蔬菜的要求确定。可在畦面的地膜上，按要求先开好种植穴，然后将菜秧或种子栽入穴内，并用泥将穴边空隙封实。

蔬菜生长期间，若需灌水或施肥时，将畦面小沟一端的“活口”揭开，灌入水肥，灌毕将“活口”封实。

二、简易滴灌技术在旱地蔬菜生产上的应用

为改变传统的沟灌、瓢浇或塑料皮管人工浇灌等传统的灌溉方法，我国引进了先进的滴灌技术提高灌溉质量，并分别在辣椒、大白菜、黄瓜、豇豆等多种蔬菜上进行了广泛应用。通过对比试验，滴灌与非滴灌相比有四大优点：一是节约水资源60%以上；二是节约劳力80%以上；三是提高地温，缩短成熟期15天左右；四是降低土壤湿度，减少病虫害。滴灌提高单产三成左右，一年即可收回滴灌设施投资。

（一）设置滴灌系统

滴灌系统由蓄水池、水泵、减压阀、过滤器、输水管、灌水器等几部分组成，输水管管径一般为6厘米，灌水器选用经济实用的，例如绿源（北京）环保设备股份有限公司生产的内镶式滴灌管，管径为15毫米，滴头间距为0.3米，设计滴头流量为3千克/时，该系统每亩造价约为2 700元。

（二）制定滴灌方案

滴灌方案包括灌水周期、灌水量及灌水延长时间的制定。这些指标因土壤质地与结构、气候、栽培技术、作物品种、田间铺设管道数量的不同而不同。这些指标在田间实际操作时，是由插入土中的水分张力计控制，当水分张力计读数由 0~60 千帕至 80 千帕为一个灌水周期，根据灌溉的理论公式和系统提供参数，可推算出灌水量和灌水延长时间。不同时期、不同蔬菜品种的田间试验实际操作结果显示，在 3 月、4 月、11 月 3 个月里，日平均气温较低，蒸发量小，灌水周期一般掌握在 10 天左右；在 5 月、10 月 2 个月里，日平均气温有所升高，蒸发量加大，灌水周期掌握在 5~6 天；6 月、7 月、9 月这 3 个月灌水周期掌握在 3~4 天，8 月日平均气温最高，日蒸发量较大，灌溉周期一般在 2 天。一次灌水延长时间为 1. 5~2 小时，灌水量为 18~20 毫米。

（三）滴灌技术的应用效果

（1）滴灌有利于改善土壤的物理性状，减少养分流失。滴灌处理收获后的耕层土壤养分残留高于非滴灌处理，而容重却低于非滴灌处理，收获后，滴灌与非滴灌相比，土壤有机质残留量增加 0. 03%~0. 13%，土壤全氮残留量增加 0. 001%~0. 012%，土壤碱解氮残留量增加 2~17 毫克/千克，土壤有效磷残留量增加 10~15 毫克/千克，土壤速效钾残留量增加 9~26 毫克/千克，耕层土壤容重滴灌处理比非滴灌处理减少 0. 03~0. 064 克/厘米^3。

（2）滴灌有利于蔬菜对养分的吸收。滴灌处理的辣椒、黄瓜、大白菜氮（N）、磷（P_2O_5）、钾（K_2O）亩吸收量远高于非滴灌处理。辣椒、黄瓜、大白菜氮（N）亩吸收量分别增加 2. 54 千克、1. 30 千克、2. 23 千克；磷（P_2O_5）亩吸收量分别增加 2. 65 千克、0. 49 千克、1. 59 千克；钾（K_2O）亩吸收量分别增加 3. 27 千克、1. 77 千克、2. 46 千克。

（3）滴灌可减轻蔬菜病害。滴灌处理的辣椒、大白菜病害明显比非滴灌处理的轻，如辣椒植株病毒病发病率，滴灌为5%，人工浇灌为15%；大白菜病毒病发病率，滴灌为20%，人工浇灌为22%；大白菜软腐病发病率，滴灌为11%，人工浇灌为40%，病情指数滴灌为8.1%，人工浇灌为33%。

（4）滴灌可节水、节能、省工。试验统计结果表明，若全年按春辣椒—伏黄瓜—秋大白菜三茬计，滴灌处理比非滴灌处理每年每亩可省工150工时、节电268千瓦，若每个工时按4元计，每千瓦电按0.62元计，可节资766元/亩。此外，滴灌可节水20%左右。

（5）滴灌可提高蔬菜产量，增加收入。滴灌处理的蔬菜，产量明显高于非滴灌处理的，辣椒、豇豆、黄瓜、大白菜分别可增产11.6%、24.4%、18.6%、14.5%，若全年按春辣椒—伏黄瓜—秋大白菜三茬计，全年累计可增净产值约1 300元/亩。

总之，滴灌系统设计简易、合理，造价低（2 700元/亩），灌水均匀。在应用中显示出增产、增收、省工、节水、节能、改善植物根际土壤养分和水分环境、减少养分流失、提高肥料利用率、减轻蔬菜病害等优越性，在旱地蔬菜生产上具有广阔的推广应用前景。

第五章 中药材有机旱作栽培技术

第一节 黄芪有机旱作栽培技术

中药材黄芪为豆科植物，分为蒙古黄芪和膜荚黄芪两个品系。主产于内蒙古、山西、甘肃、黑龙江等省（区），为国家三级保护植物。黄芪抗旱、耐寒，适应性强，产量稳定，适于在干旱、半干旱地区规范化种植。

一、选地深耕

黄芪是深根性植物，种植地应选择土层深厚，土质疏松、肥沃，排水良好，地势高燥、向阳的中性或微酸性砂质土壤，平地、丘陵、山坡地都可种植。地下水位高、土壤湿度大、土质黏紧、低洼易涝的黏土或土质瘠薄的砂砾土，均不宜种植黄芪。选好地块后要深耕改土，当秋作物收获后，将土壤深耕 30 厘米以上，打破犁底层；耕地前清除田间杂草、石砾及残留物。据山东菏泽市润康中药材研究所基地多年种植证明，深耕能加厚活土层，熟化土壤，增强土壤的蓄水保墒能力，改善土壤的通气状况，促进微生物的活动，加速有氧养分的分解，提高土壤肥力，有利于根系生长，减少侧根和“鸡爪芪”的形成，是使黄芪优质高产的有效措施。

二、播前准备

播种前，在已经深耕的土壤上，每亩撒施土杂肥或圈肥3 000千克，根据土壤pH值，每亩施入过磷酸钙或钙镁磷肥100千克、优质磷酸二铵30千克；然后旋耕两遍，整平耙细后做高畦或高垄，畦高25厘米，宽1.2米，沟宽40厘米，畦面整成龟背状，四周开好排水沟。高畦栽培不但加厚和疏松耕作层，排水良好，而且吸热散热快，昼夜温差大，有利于黄芪根部发育及营养物质积累。

三、种植技术

（一）选用良种

选用良种是大家都知道的重要性，但是，在市场中很难购买到黄芪良种。目前人工种植的黄芪，不论是农户或所谓的基地（基地自己选育用种除外），其播种用的种子大部分都没有选育，年复一年的种植，引起黄芪严重退化、抗病害能力差、产量逐年下降，严重影响品质。药农种植黄芪，一是采收根茎作药材，二是采收种子卖也能获得不少收入，所以，市场上的黄芪种子大多是大田生长的黄芪自然收获的。另外，买种子的人缺少技术，只注重种子的价格和发芽率，并不重视种子的发芽势，也不知道什么是良种；因此，即使有选育的种子也卖不了高的价格。山东菏泽市润康中药材研究所建议药农在选育黄芪优良种子时，要在2~3年生的黄芪大田中，选择种性一致、生长势强、无病害、无退化、节间短的单株进行标记，采取去顶疏花的“计划生育”措施，单独管理，单独采收保存，才能作为黄芪中药材生产质量管理规范（GAP）规范化种植的用种。

（二）播种技术

播种要抢墒播种，墒情不好的要浇好底墒水。

1. 播种时间

黄芪可在春、夏、秋三季播种。根据山东菏泽市润康中药材研究所种植经验，黄淮地区黄芪春播应在清明前后进行，最迟不晚于谷雨，保持土壤湿润，15天左右即可出苗；夏播于6—7月进行，播后7~8天即可出苗；秋播一般在白露前后进行。各地气候条件不同，播种时间有差别，应灵活掌握。不论哪个地区，春季播种时间必须在地温稳定在12 ℃以上才可以播种（盖地膜）。夏播宜早不宜迟，并要做好幼苗出土后的防日晒工作。秋季播种，黄淮地区气温高，可在9月播种，冬前出苗；东北及西北的寒冷地区，应在土壤封冻前播种，春季出苗。

2. 播种方法

一般采用穴播或条播。穴播，在起好的种植地畦面上按行株距30厘米×25厘米开浅穴，每穴播入种子6~7粒，覆土厚2厘米，亩用种量1~1.5千克。条播，在畦面按行距40厘米开横沟，沟深3厘米，播种时将种子与草木灰、有机肥拌匀后，均匀撒入沟内，播后覆盖细土1~2厘米，稍加压实，亩用种量2千克；近几年，山东菏泽市润康中药材研究所大面积基地种植时，把经过处理的黄芪良种，用播种机一次性完成开沟、播种、覆土、镇压程序，可有效减少用工和提高播种质量。

四、田间管理

（一）幼苗管理

黄芪幼苗出齐后，要及时进行间苗，以免拥挤互相遮阴，争肥夺水；间苗时，去除拥挤苗、疙瘩苗、瘦弱苗。在苗高10~12厘米时进行定苗，穴播的每穴留壮苗2~3株，条播的按株距每隔10~12厘米留壮苗1株。定苗时，若有缺苗，可将定出的大苗移栽补苗，补苗需在阴天或晴天的午后或傍晚进行，栽后浇水。

（二）中耕除草

黄芪幼苗生长缓慢，出苗后往往草苗并长，若不注意，很易造成草荒，因此应及时除草。除草工作要与中耕相结合。中耕可疏松土壤，切断土壤毛细管，防止水分蒸发，起到防旱保墒的作用；大雨和久雨之后，中耕又起到散墒除涝的作用；苗高 7~8 厘米时进行第一次中耕，定苗后进行第二次中耕。中耕深度一般按苗期浅、成株深、苗旁浅、行中深的原则进行，做到不伤苗、不埋苗、不伤根、不留草。第二年的 4 月、6 月、9 月各中耕 1 次。根据山东菏泽市润康中药材研究所种植经验，结合 GAP 规范化生产要求，在杂草较多的幼龄期，可以用黄芪专用除草剂喷洒 1 次（除草剂每年只能用 1 次），基本能保证田间无杂草。

（三）肥水管理

为了满足不同生育期对养分的需要，提高产量，在生长的当年和第二年，每年结合中耕除草追肥 2 次。第一次追肥结合第二次中耕除草进行，每亩用堆肥 1 500 千克、过磷酸钙 50 千克、硫酸铵 10 千克混合均匀后在行间开沟施入，施后覆土。第二次在入冬苗枯后每亩用厩肥 2 000 千克加过磷酸钙 50 千克、饼肥 150 千克后混合拌匀施入田间，施后培土防冻。黄芪苗期耗水量少，为促进根系下扎、增加根部长度、提高黄芪产量，在足墒播种的情况下，可以不浇水。若底墒不足、天气干旱，应用小水或隔行灌溉，切勿大水漫灌。在结果种熟期，如遇高温干旱，也应及时灌水，促使种子正常成熟，降低硬实率，提高种子品质。雨季土壤湿度过大，会导致根部腐烂，易积水的地块应注意及时排水，降低土壤湿度，以利于根部正常生长。

五、收获加工

（一）收获时间

根据山东菏泽市润康中药材研究所各技术指导基地种植经验，各地区黄芪的生长年限为：黄淮地区生长 1~2 年收获；西北、东北地区生长 2~3 年收获。收获过早，黄芪质量差；年久不收，极易黑心或木质化。收获时间一般在秋季植株枯萎时进行，也可在翌年春季植株尚未萌发前进行，因为此时根生长充足，积累的有效成分含量高，黄芪产量高。采收时要深挖，不要伤根，防止挖断主根，影响药材产量与品质。大面积种植基地，在收获前，把地上部茎秆割去，然后用黄芪收获机一次性收获。

（二）产地加工

黄芪根部刨收后，去掉根上附着的茎叶，抖落泥土，趁鲜切去芦头，剪光须根，晾晒至六七成干时，将根理直，扎成小把，再晒至全干。晾晒时避免强光暴晒，应放在通风的地方，其上可平铺一层白纸，晒至全干或烘干即可。黄芪药材以根条粗壮、直顺、质硬、粉性足、味甜者为佳。要求做到干燥、无芦头、无须根、不霉、不焦、无泥、无杂质。

第二节　党参有机旱作栽培技术

党参为桔梗科多年生草本植物，以根入药，是大宗常用中药材之一。党参入药历史悠久，资源分布广泛，主要分布于华北、东北、西北地区，目前生产规模最大的商品党参为甘肃的“白条党”，另外山西产的称“潞党”，东北产的称“东党”，山西五台山野生的称“台党”。《中国药典》收录的党参还有素花党参和川党参，素花党参主产于甘肃文县、四川九寨县，药材称“纹党”。党参分布区域生态条件差异明显，栽植方式各有特点。为了规范化党参药材生产，保障药材质量，提高产量，必须提倡党参规范化种植。下面介绍党参露头覆膜规范化栽培技术，适用于甘肃“白条党”。

一、党参对环境条件的要求

党参适应性强，喜温和、冷凉湿润气候，对光照要求较严，耐干旱，较耐寒。在各个生长期对温度要求不同。气温在3~7 ℃时开始萌芽，6~8 ℃出苗，日平均气温18~20 ℃时植株生长最快。最适宜的春化温度为0~5 ℃。一般在8~30 ℃能正常生长，温度在30 ℃以上时党参的生长就受到抑制。党参具有较强的抗寒性，党参根在土壤中越冬，即使在-25 ℃左右的严寒条件下也不会被冻死，仍能保持生命力。生长期持续高温炎热，地上部分易枯萎和患病害。党参为深根系植物，土壤pH值以6.5~7.0为宜，应选择中性偏酸、土质疏松、土层深厚、土壤肥沃、排水良好、富含腐殖质的土壤，以利于党参根系充分发育。党参对水分的需求随生长期不同而异。播种期和苗期需水较多，缺水不易出苗，出苗后也易干死。定植后对水分要求不严格，但不宜过于潮湿，一般在年降水量400~1 200毫米、平均相对湿度70%的条件下即可正常生长。党参对光的要求比较严格，幼苗喜阴，成株喜阳。苗期忌日晒，育苗多选背阴处。定植地要选阳光充足的地方。党参忌连作，一般应隔3~4年再种植，前茬以豆科、禾本科作物为好。党参种子细小，种子萌发土壤含水量以13%~20%为宜；种子萌发最低地温为5 ℃，15~20 ℃为最适温，超过30 ℃不利于出苗。试验证明党参种子萌发时是需光的，遮光的种子发芽率仅为2%，不遮光的发芽率达15%。用硼酸处理的种子发芽率为75%，而对照仅为16.6%。这是因为弱酸可代替光效应，这也证明了种子萌发需光的特性。生产上党参播种不能太深，覆土不能过厚，以满足种子萌发时对光的需求。

二、整地与施肥

（一）整地

应选择土层深厚、肥沃疏松、排水良好、地下害虫为害较轻的黑壤土、黄土，不宜选择砂壤土、低洼地、盐碱地种植。前茬以豆类、薯类、油菜、禾谷类等作物为好，不可连作，轮作周期要3年以上。深翻土地30厘米，打碎土块，清除草根、树枝、石块，耙平。必要时可进行秋耕冻融。

（二）施肥

党参施肥要以优质的农家肥为主，有机肥与无机肥配合使用，氮、磷、钾肥平衡施用，要重施和一次施足基肥。基肥在整地前或整地时施用，以厩肥等大量迟效肥料为主。施肥一般结合深耕进行，在前作收获后深翻30厘米，随翻地施入厩肥等优质有机肥料约30吨/公顷；在重施农家肥的同时，施入磷酸二铵300千克/公顷，或尿素250千克/公顷和过磷酸钙550千克/公顷。先将基肥均匀撒施于地表，然后立即翻耕土壤，做到土肥充分均匀混合。若种植区山高路陡，运送大量农家肥有困难，建议配合施用腐植酸含量高的泥炭300千克/公顷或豆饼105千克/公顷，以补充有机质的消耗。施肥应符合无害化卫生标准，叶面肥符合GAP要求。

三、地膜、种苗的选择

（一）地膜选择和适期起苗

地膜选择：在二阴区或海拔2 200米以上的地区选用40厘米的黑色地膜，在海拔2 000米以下的地区选用40厘米的白色地膜。

适期起苗：3 月上旬起苗，采取边起苗边移栽的方式，起苗时要注意避免伤根，起好的种苗不要长时间暴晒。

（二）品种选择和种苗选择

品种选择：选择产量高、丰产性强、性状稳定、无病虫害的党参品种。

种苗选择：种苗必须选择无病虫、表皮光滑、分叉少、无破损、无虫口、较鲜嫩、长 10 厘米以上的一年龄党参苗。

四、土壤及苗子处理

（一）土壤处理

为了防止地下害虫对党参苗的为害，随播前深耕，每亩用 40%辛硫磷乳油 1 千克，兑水 75 千克，拌油渣 10 千克撒于地表，可防治蛴螬、蝼蛄、地老虎、金针虫等地下害虫。

（二）苗子处理

用 50%多菌灵可湿性粉剂 100 克，兑水 5 千克，蘸苗 100 千克，晾干所蘸水分后栽植，可防治党参根腐病。

五、合理栽培

（一）移栽时间

3 月下旬至 4 月上旬移栽定植，定植株距约 12 厘米，行距约 20 厘米，一般亩用秧苗 50～70 千克。定植时芦头要低于地面 3 厘米左右，栽后覆土 3 厘米左右，并轻轻镇压覆土。

（二）苗子筛选

在移栽前，将腐烂、发霉、苗体有病斑虫伤、割伤、擦伤、折断的伤病苗除去；小老苗、分叉苗及苗长 10 厘米以下难以快速生长的小苗均应除去。选用健壮、无病虫害感染、无机械损伤、表面光滑、质地柔软、幼嫩、均匀、苗长10厘米以上的苗子，百苗鲜重50~80克。

（三）开沟定植

按45厘米定垄宽，平作起垄，垄向为南北向，在垄面相垂直的方向开互向定植沟，沟深5厘米，株距12厘米，行距20厘米，党参苗头向外，苗尾互向，每一定植沟内平放1株种苗，然后覆土5厘米盖苗，覆土时要留种苗根头于土外1厘米，自然形成高3厘米的垄，留垄距宽20厘米。

（四）露头覆膜

在垄面用40厘米宽的黑色或白色地膜进行覆盖，覆盖时仍然将1厘米的种苗根头部露出在外，然后把膜的两边和种苗头部用土覆盖并压实膜边，为防止大风揭膜，每隔2.5~3米压土腰带，每亩用种苗60~70千克，定植密度30万~34万株/公顷。

（五）蘸根

腐植酸蘸根可较好解决连作地党参栽培中死苗、烂根、品质退化的问题。方法是将选好待栽的种苗根部放在浓度为0.06%的腐植酸钠溶液里蘸一下，取出稍晾后便可栽植。

（六）栽植密度

移栽密度有两种方案，一是以一、二等商品为主的密度方案，以高价获得收益，可按株距10厘米、行距20厘米定植，选用较大的苗栽，保苗密度为30万~34万株/公顷。二是以二、三等商品为主的密度方案，以高产获得收益，可按株距2厘米、行距25厘米定植，选用相对较小的苗栽，保苗密度为100万株/公顷，前者适合雨水充足的年份，后者具有抗旱保产的功能。

六、田间管理

（一）中耕除草

移栽定植后至封垄前必须勤除草松土，松土要浅，以防损伤参苗。当苗高 6~9 厘米时，结合松土进行第一次中耕、锄草，苗高 15~18 厘米时，结合追肥进行第二次中耕、锄草。

（二）追肥

合理追肥是党参增产的关键，其目的是及时补给党参代谢旺盛时对肥分的大量需要。追肥以速效肥料为主，叶面喷施以便及时供应不足的养分。一般党参追肥以钾肥为主，7—8 月结合第三次剪茎进行追肥，用水配成 0.2%硫酸钾复合肥，或 0.2%磷酸二氢钾喷洒叶面，隔 10 天喷 1 次，连喷 3~4 次。缺其他微肥时可随时配液喷洒补充。由于叶面喷洒后肥料溶液或悬液容易干燥，浓度稍高就可立即灼伤叶子，因此施用时应注意浓度不可过高。

（三）剪茎

党参移栽定植后一般要进行 3 次剪茎。

第一次剪茎：5 月下旬，当定植缓苗后的参苗高约 15 厘米时，结合进行第二次中耕锄草和追肥，在距地面约 3 厘米处将已拉蔓的参苗剪除。

第二次剪茎：在距第一次剪茎后约 1 个月时，即 6 月下旬至 7 月上旬，将第一次剪茎后萌发的侧蔓留约 6 厘米剪除，同时进行第二次追肥，一般亩施磷酸二铵 10 千克，或用 0.2%磷酸二氢钾溶液叶面喷雾，以促进参头及根系的生长发育。

第三次剪茎：8 月上旬时进行第三次剪茎，将第二次剪茎后萌发的侧蔓仍留 6 厘米左右剪除，立秋后一般不再进行剪茎。

每次剪茎剪去的枝蔓应带出田间。由于剪茎抑制了开花结实，故留种田不宜进行剪茎。

（四）病虫鼠害防治

党参病虫害较少，病害主要有根腐病和锈病；虫害有蝼蛄、地老虎、蛴螬、蚜虫、红蜘蛛等。除在侵染率高、为害严重的极端情况下配合物理和生物防治，采取一定的化学防治措施之外，一般不施用化学农药。

1. 根腐病

根腐病（也称烂根）病原是真菌中的一种半知菌。在高温多雨的7月下旬至8月中旬易发病，靠近地面的侧根和须根变黑褐色，重者根腐烂、植株枯死。

注意倒茬，雨季及时排涝，发现病株连根拔除并用石灰消毒病穴；也可用65%代森锌可湿性粉剂500倍液喷洒或灌根。发病初期喷洒或浇灌5%甲基硫菌灵可湿性粉剂500倍液，或50%多菌灵可湿性粉剂500倍液。

2. 锈病

病原是真菌中的一种担子菌。秋季为害叶片，病叶背面隆起呈黄色斑点，后期破裂散出橙黄孢子。

清洁田园、烧毁残株、清除病原菌以及通过搭架来增加田间通风透光能力等均可减轻锈病的为害。化学防治要做到早发现、早防治，才能把锈病的为害减少到最小。发病初期可用20%三唑酮乳油80毫升兑水喷雾防治，如果锈病发生较重，可适当加大药剂用量。为提高药液在叶面的黏着力，可在配药液时加少量洗衣粉，与药液充分搅匀后喷雾。掌握施药时间，选择晴天无风或微风的午后进行喷药，是确保化学防治效果的又一重要因素。把农药和化肥混合喷施，效果更好，如在菌虫灵和三唑酮中加入少量的磷酸二氢钾进行喷施，防治锈病和促进增产的效果更为显著。

3. 害虫

党参虫害主要是蛴螬、地老虎、蝼蛄和红蜘蛛。前3种地下害虫可用撒毒饵的方法加以防治。先将饵料（秕谷、麦麸、豆饼、玉米碎粒）5千克炒香，而后用90%敌百虫原药30倍液

0.15 千克拌匀，适量加水，撒在苗间，施用量为 22.5～37.5 千克/公顷，在无风闷热的傍晚撒施效果最佳。也可用 75%辛硫磷乳油 700 倍液灌根或移栽时蘸根，可以防治地下害虫。蚜虫、红蜘蛛用 5%噻螨酮乳油 2 000 倍液喷雾防治，或用 50%马拉硫磷乳油 2 000 倍液喷杀。

4. 鼠害

党参具有芳香味，鼠害十分严重，要做好防鼠工作。

七、收获及产地加工

（一）收获时期

党参收获约在 10 月下旬霜降前后，抢在土壤结冻以前、党参地下部分停止生长以后采挖，海拔较高的地区采挖多在霜降之前进行，海拔较低的地区采挖多在霜降之后进行。在初霜以后，党参根部仍能继续膨大生长，为充分利用生长季节，提高产量和质量，不可过早采挖。但在霜降之后，党参叶迅速枯黄，根部膨大生长已逐渐停滞，若土壤结冻，根条变脆，容易折断，不利于操作。因此收挖过迟会影响党参产品质量。

（二）采收方法

党参地上部变黄干枯后，用镰刀割去地上藤蔓，党参根部在田间后熟一周，再起挖，起挖时间要考虑在土壤上冻之前能够结束收获工作。收挖时先用三齿铁叉将党参一侧土壤挖空，再将党参挖倒，将挖出的党参根拣出，抖去泥土，收挖切勿伤根皮甚至挖断参根，以免汁液外渗使其松泡。同时要避免漏收，可将小党参苗挑出重新移栽。

（三）党参产地初加工

收挖的党参要挑除病株，及时运回。先将表面泥土用水冲洗干净，按粗度、长度划分等级，用细线串成 1 米长的党参串，摊放在干燥通风透光处的竹簾上或干燥平坦的地面、石板、水泥地上晾晒数日，使水分蒸发。晾晒12天左右，根系变柔软，不易折断时，将党参串卷成圆柱状，外包麻包，轻轻揉搓，一般揉搓3~4次即可，使皮部与木质部贴紧、皮肉紧实。继续晾晒，反复多次。晒干或烘干至含水量在12%以下，晒干后的党参须放在通风干燥处，以备出售或入库。在加工过程中，严防鲜参受冻受损。入库时要防潮、防虫保存，不能用火烘烤，严禁用硫黄熏蒸上色。

八、包装、贮藏及运输

（一）包装

党参在包装前应检查是否充分干燥、有无杂质及其他异物，所用包装应符合药用包装标准，并在每件包装上注明品名、规格、产地、批号、执行标准、生产单位、生产日期等，并附有质量合格的标志。

（二）贮藏

加工好的党参如果不准备马上销售，包装后应置于干燥、通风良好的专用贮藏库内贮藏，并注意防虫防鼠，夏季注意防潮，贮藏期间要勤检查、勤翻动，经常通风，必要时可密封臭氧充氮养护。为保持色泽，还可以将干燥的党参放在密封的聚乙烯塑料袋中贮藏，并定期检查。到夏季应将党参转入低温库贮藏。

（三）运输

运输工具或容器应具有良好的通气性，以保持干燥，并应有防潮措施，尽可能地缩短运输时间；同时不应与其他有毒、有害及易串味的物质混装。

第三节　北苍术有机旱作栽培技术

中药材苍术为菊科植物茅苍术或北苍术的干燥根茎。茅苍术又称为南苍术，主产于江苏、湖北、河南、四川、江西等地，以产于江苏茅山一带的质量最好。北苍术主产于陕西、河北、山西、内蒙古及东北等地。近年来，苍术种植效益不断攀升，北苍术国内市场需求激增。下面对北苍术的有机旱作栽培技术进行介绍。

一、地块选择和整地施基肥

（一）地块选择

北苍术喜凉爽、温和环境，耐寒、耐瘠薄，忌高温、高湿和强光照，最适宜的生长温度为 15~22 ℃。种植苍术应选择在气候凉爽干燥的地区。种植田块要求土层深厚，富含有机质，土壤结构疏松，地下水位低，排水良好。半阴半阳的荒山或荒坡地种植北苍术更为适宜。低洼地、下湿地、河滩地等排水不良的地块不适宜种植。苍术忌连茬，应与非菊科作物轮作 2 年以上。前茬以禾本科作物为宜，切忌与感病的茄科、豆科及瓜类等作物连作。

（二）整地施基肥

栽植苍术的地块，栽植前要深翻土地。春季栽植的，在冬前深翻立茬过冬，冻融交替，杀死土壤中的病菌、虫卵、杂草等；秋季栽植的，在伏天高温季节深翻土地，利用高温暴晒进行土壤消毒减少病源。有地下害虫发生的地块，翻地前亩用 5%毒死蜱颗粒剂 2~4 千克与细土 25 千克拌匀后均匀地撒施田间，消灭虫源。栽植前亩施有机肥 2 000 千克、氮磷钾复合肥（N：P_2O_5：

K_2O = 15 ：15 ：15，下同）50 千克作基肥，然后深翻 20 ~ 25 厘米，耙细整平。

二、繁殖方式

苍术人工栽培有种子繁殖、根茎繁殖和分株繁殖 3 种繁殖方式。

（一）种子繁殖

种子繁殖是利用苍术种子播种繁殖出第一代根状茎，再利用所繁殖的第一代根状茎作为种根茎进行苍术栽培。种子繁殖的优点是可以避免长期无性繁殖造成的种性退化；缺点是育苗时间长、增加了苍术生产周期。

（二）根茎繁殖

根茎繁殖是利用生产田中达到收获标准的根状茎，择优去劣、加工处理后作为种根茎进行苍术生产。根茎繁殖的优点是繁殖系数高、有利于短时间内扩大生产规模，生产周期也相对较短；缺点是用种量大、生产成本高，且长期无性繁殖易造成种性退化。

（三）分株繁殖

分株繁殖是将生长到成株期的苍术挖出，分割为若干个根茎叶完整的植株，再栽植这些植株进行苍术生产。分株繁殖的优点是成活率高；缺点是费工费时、生产成本较高。

三、栽植

（一）栽植时期

苍术耐寒性较强，冬天地上部分枯萎但地下根状茎依然存活，到第二年春季根状茎上的腋芽萌发长出新的植株，因此，为了获得高产和高质量的中药材，苍术在田间生长 2 年后才能收获。在旱作区北苍术既可秋栽，也可春栽，以秋栽为主。具体栽植时间，秋栽在10—11月土壤结冻前，春栽在土壤解冻后的3月至4月初根状茎萌芽前为宜。栽植苍术时，最好是在挖出种根茎后及时处理并及时栽植，以保证栽植成活率。

（二）栽植方式、方法

旱作区北苍术的栽培一般采用高垄或高畦栽培。高垄栽培：垄高20~25厘米、宽50厘米，垄沟宽30厘米，在垄肩上栽植2行苍术，行距30厘米、株距15厘米。高畦栽培：畦高20~25厘米、宽80厘米，畦沟宽40厘米，畦面栽植3行苍术，行距20厘米、株距15厘米。垄或畦的长度，随地块而定，长短不限。

采用起垄作畦、覆膜、打眼作业机械一次完成+人工栽植的方式栽植苍术。栽植后用厚0.01毫米以上的黑色地膜覆盖，膜两边压土10厘米，每隔2米在地膜上横着压一道土，压实地膜，防止大风刮走地膜。覆膜要掌握“严、紧、平、宽”的要领，即边要压严、膜要拉紧、膜面要平、见光面要宽。两垄膜间预留的40厘米作业带，可用无纺布覆盖以防杂草。栽植穴的规格为直径8厘米、深8~10厘米。人工栽植时，先将种根茎芽子朝上放入定植穴，下部与定植坑紧密接触防止悬空吊根，然后用小铲埋填细土至与穴口平齐后再覆土3~5厘米压实封住栽植穴，防止进风吹走地膜。栽植结束时，要在地头假植用种量2%~3%的苍术，用于以后的缺苗补苗。无论是高垄栽培还是高畦栽培，每亩均栽植11 000穴左右（每穴栽植种根茎1个），亩用种根茎160~220千克。

四、栽植后的管理

（一）放苗补苗

秋季栽植的翌年春季出苗，春季栽植的栽植后 10~15 天陆续出苗。当苗高 10~15 厘米时，逐株检查栽植穴。发现缺苗穴需细心检查，如果是芽子出苗后被地膜覆盖，应移开苗子上的地膜放苗子出膜，并用细土将地膜压实在苗子根部周围；如果是种根茎腐烂未出苗，应及时连周围土一起将腐烂种根茎除去，补栽上假植的苗子。

（二）及时除草

苍术除草采取化学除草和人工除草相结合。如果在深翻地块前杂草较多，可在翻地前的晴天亩用 30%草甘膦水剂 200~400 毫升兑水 30 千克喷施除草。栽植刚结束时，可亩用 33%二甲戊灵乳油 100~150 毫升兑水 15~20 千克喷施进行封闭除草；栽植后 1~2 天再用上述药剂喷施播种孔及畦间过道。在苍术苗期、杂草 3~5 叶期，可亩用 108 克/升精喹禾灵乳油 30~40 毫升兑水 30~45 千克均匀喷施在杂草茎叶上防治禾本科杂草。

苍术成株后，以人工除草为主，及时锄去沟内杂草并人工拔除垄畦上的杂草，做到见草就除，保持田间无杂草。在拔除苍术植株周围杂草时，注意不要伤及苍术植株。

（三）科学追肥

苍术追肥掌握“早施苗肥，巧施蕾前肥，重施促根肥”的原则。3 月底至 4 月上旬，苍术出苗或返青进入苗期，如果苗弱应追施 1 次速效氮肥促进幼苗迅速生长，可亩施尿素 5~10 千克。5—6 月现蕾前，为促进地上部分生长，栽植第一年的苍术亩施氮磷钾复合肥 15 千克，栽植第二年的苍术亩施氮磷钾复合肥 25 千克。进入 7 月后苍术地下根状茎膨大速度加快，应在7月中下旬追肥，促进地下根茎迅速膨大以获得高产，栽植第一年的苍术亩施氮磷钾复合肥20千克，栽植第二年的苍术亩施氮磷钾复合肥40千克。

在苍术整个生长期，均可用0.5%磷酸二氢钾或0.2%有机钾肥水溶液进行根外追肥，以延长叶片功能期，增加干物质积累，促进根茎膨大。

（四）割秆、摘蕾

苍术地下根状茎的节间处可以萌发腋芽，腋芽出土长成茎秆参与光合作用制造光合产物供给植株生长，但太多的茎秆会消耗过多的养分，影响根状茎膨大。因此，在苍术生长期间当地上茎秆过多时，一般保留5~6个健壮茎秆，其余的全部从基部剪掉除去。

苍术孕蕾开花会消耗养分，为使养分更多地供应给地下根状茎，在7—8月植株现蕾尚未开花之前，选择晴天对非留种地的苍术植株生产田，按照“见蕾就除”的原则进行多次摘蕾。摘蕾时要防止摘去叶片和摇动根系，操作方法为一手握茎、一手摘蕾。

（五）病虫害防治

旱作区苍术主要病害是叶部病害（黑斑病、轮纹病、叶枯病）和软腐病，主要虫害为蚜虫和蛴螬，应及时进行防治。

1. 病害防治

（1）叶部病害。叶部病害包括黑斑病、轮纹病、叶枯病等，防治方法如下。①轮作倒茬，深翻土壤，清洁田园。②采用不带病的种根茎并严格进行种根茎消毒。③发病初期可用30%苯甲·丙环唑乳油2 000~3 000倍液、10%苯醚甲环唑水分散粒剂1 000~1 500倍液、68.75%噁酮·锰锌水分散粒剂1 000~1 500倍液交替喷施防治，间隔7天1次，连续2~3次。

（2）软腐病。软腐病是由病原细菌引起的根状茎腐烂，防治方法如下。①选择高燥地块，高垄高畦栽培，防止田块积水。②氮磷钾配合使用，增施有机肥，促进植株健壮生长。③发现病株及时拔除，并用生石灰进行消毒。④及时防治地下害虫，同时避免田间操作造成伤口，尽可能地减少伤口，降低发病概率。⑤发现病株及时用47%春雷·王铜可湿性粉剂800倍液喷施或灌根防治，间隔7~10天1次，连续2~3次。

2. 虫害防治

（1）蚜虫。蚜虫主要为害茎叶特别是新叶和生长点，防治蚜虫要早发现、早防治，做到“防治早、防治小（零星发生）”。防治方法：发现田间有蚜虫，及时用10%吡虫啉可湿性粉剂1 000~1 500倍液、25%吡蚜酮可湿性粉剂1 000倍液、25%噻虫嗪水分散粒剂3 000倍液交替喷施防治，间隔7~10天1次，连续2~3次。

（2）蛴螬。蛴螬是金龟子的幼虫，主要在土壤中活动，为害根及根茎，防治方法如下。①栽前深翻晒垡或冻融交替杀死幼虫，降低越冬虫量。②用40%辛硫磷乳油0.5升加适量水与细土25千克搅拌均匀制成毒土，随翻地均匀施入土壤中。③利用成虫的趋光性，每30亩安装1盏黑光灯诱杀成虫。

五、收获及加工

（一）机械收获

苍术移栽2年后即可采挖，采挖在春、秋两季均可进行，即可在秋、冬季地上部分茎叶枯萎或早春萌芽前进行采挖。采挖时，选择晴天用挖药机将根茎挖出，人工用耙子拍打翻动抖落泥土，然后转运到晒场晾晒。

（二）撞皮加工

晾晒过程中要勤翻动并拍打，尽可能多地除去所带泥土及须根。等到须根及土全干、根状茎五六成干时装进撞皮机进行第一次撞皮（撞皮时间15分钟），这次撞皮主要是撞去须根和根茎表面部分黑皮。之后继续晾晒至全干，人工剪去芦头和切块。切块标准为每块直径和长度均不低于2厘米，切块时要沿着节间切割，创伤面要小，其目的是便于除去根茎夹缝处的须根和黑皮。切块完成后，装入撞皮机进行第二次撞皮（撞皮时间10分钟），这次撞皮的目的是除去根茎表面全部黑色皮层。撞完后，逐个人工检查，用小刀除去没剪净的芦头和药材夹缝中的须根，即可获得全撞皮成品。苍术药材以个头匀称、表皮黄白、质地坚实、断面朱砂点多、香气浓者为佳。

六、种子采收

苍术经过多年根茎繁殖后种性会退化，需要用种子繁殖进行提纯复壮，用种子育苗后栽植的苗子再繁殖种子。苗子栽植后第一年结实较少，故留种田要选择生长2年或2年以上的种苗，并在开花前增施1次磷肥。在育苗和栽植过程中，要做好去杂、去劣、去病、去弱工作，保留纯正健壮植株。植株枯萎前后，割下植株或单独采收花头，放在晒场晾晒干，然后脱粒净选，放在阴凉通风干燥处备用。

第四节　桔梗有机旱作栽培技术

一、选地整地

桔梗为桔梗科多年生草本植物，以根入药，喜凉爽湿润环境，为直根系深根性植物。宜选择地势高燥、土层深厚、疏松肥沃、排水良好的砂壤土栽培，黏土及低洼盐碱地不宜种植。前茬作物以豆科、禾本科作物为好。施足基肥，亩施土杂肥 2 000~3 000 千克、硫酸钾 25 千克、磷酸二铵 10 千克、三元素复合肥 15 千克，深耕 30~40 厘米，整平、耕细、作畦。畦宽 1.2~1.5 米，平畦或者高畦畦高 15 厘米，畦长不限，作业道宽 20~30 厘米。

二、种子处理

选择 2 年生桔梗所产的充实饱满、发芽率高达 90%以上的种子。播前将种子放在 50 ℃温水中，搅动至水凉后，再浸泡 8~12 小时，稍晾后可直接播种，也可用湿布包上，放在 25~30 ℃的地方，盖湿麻袋催芽，每天早晚用温水冲滤 1 次，放置 4~5 天，待种子萌动时，即可播种。也可用 0.3%~0.5%高锰酸钾溶液浸泡 12 小时后播种。

三、播种

（一）播种方式

桔梗可直播或育苗移栽，近几年来以育苗移栽为主。

（二）播种时间

春、夏、秋、冬均可播种。直播以 10 月下旬至 11 月上旬播种为好，育苗移栽以夏播为好，节约半季土地，产量高、效益好。

1. 直播

秋播于 10 月下旬至 11 月上旬，在整好的畦上按 20~25 厘米开沟，沟深 2 厘米，将种子拌 3 倍细砂土均匀撒于沟内，覆土 1~1.5 厘米，耙平轻压。播量每亩 1.5 千克。上冻前浇 1 次封冻水。春播于 3 月中旬至 4 月中旬进行，种植方法同秋播。播后浇水，出苗前保持土壤湿润，可覆盖麦糠或稻草保湿，以利于出苗，10~15天出苗。

2. 育苗移栽

育苗移栽一年四季均可进行。近几年采用夏播秋植新技术，即麦收后立即将麦茬耙掉，施足基肥，深耕耙细，整平做畦，畦宽1.2~1.5米。亩播量3~4千克拌3~5倍细土（沙）均匀撒入畦面，覆土或细沙1~1.5厘米，再覆盖2~3厘米厚的麦穰。经常保持畦面湿润，10~15天出齐苗后，于傍晚逐步搂出麦穰炼苗。7月中旬至8月下旬视苗情追肥1~2次，每次亩追磷酸二铵和尿素各10千克。遇严重干旱应浇水，遇涝要及时排水，以免烂根。培育壮苗，当根上端粗0.3~0.5厘米、长20~35厘米时，即可移栽。秋后（11月中旬前后）至翌春发芽前，深刨起苗不断根。开沟10~15厘米深，按行距25~30厘米，株距5~6厘米移栽，亩植4.5万~5.5万棵，按大、中、小分级，抹去侧根，分别移栽，斜栽于沟内，一般以30°斜栽，根要捋直，顶芽以上覆土3厘米左右。墒情不足时，栽后应及时浇水。

四、田间管理

（一）间苗定苗

直播间苗高2厘米时适当疏苗，苗高3~4厘米时按株距6~10厘米定苗。缺苗断垄处要补苗，带土移栽易于成活。

（二）中耕除草

桔梗前期生长缓慢，杂草较多，应及时中耕除草。特别是育苗移栽田，定植浇水后，在土壤墒情适宜时，应立即浅松土1次，以免地干裂透风，造成死苗。生长期间注意中耕除草，保持地内疏松无杂草。

（三）肥水管理

桔梗系喜肥植物，在生长期间宜多追肥。特别在6—9月是桔梗生长旺季，应在6月下旬至7月下旬视植株生长情况适时追肥。肥料以人畜粪尿为主，配施少量磷肥和尿素（禁用碳酸氢铵）。一般亩施稀人粪尿、畜粪1 000~1 500千克，或磷酸二铵和尿素各10~15千克。开沟施肥、覆土埋严、施后浇水、借墒追肥。无论直播或育苗移栽，遇严重干旱时都应适当浇水，雨季注意排水，防止积水烂根。

（四）抹芽、打顶、除花

移栽或二年生桔梗易发生多头生长现象，造成根杈多，影响产量和品质。故应在春季桔梗萌发后将多余枝芽抹去，每棵留主芽1~2个。对二年生留种植株应在苗高15~20厘米时进行打顶，以增加果实的种子数和种子饱满度，提高种子产量。而一年生或二年生非留种用植株要全部除花摘蕾，以减少养分消耗，促进根的生长，提高根的产量。也可在盛花期喷0.075%~0.1%乙烯利，除花效果较好。二年生桔梗植株高达60~90厘米，在开花前易倒伏。防倒措施：可在入冬后，结合施肥做好培土工作；春季少施氮肥，控制茎秆生长；在4—5月喷施矮壮素500倍液，可使茎秆增粗，减少倒伏。也可在夏至前割苗1次，防止倒伏，效果较好。

（五）病虫害防治

桔梗病害有轮纹病、斑枯病、炭疽病、枯萎病、根腐病等，这些病害一般发生较轻。如有发生，可在发病初期用1∶1∶100波尔多液，或多菌灵、代森锰锌、甲基硫菌灵等常规杀菌剂常量喷雾防治。虫害主要有蝼蛄、地老虎、蚜虫、红蜘蛛等，防治方法与其他大田农作物相同。

（六）选留良种

9—10月，蒴果变黄时带果柄摘下，放通风干燥的室内后熟23天，然后晒干脱粒。桔梗种子必须及时采收，否则蒴果开裂，种子易散落。

五、采收加工

桔梗直播的当年可收获，但产量较低，最好在第二年或移栽当年的秋季，约10月中旬，当茎叶枯黄时即可采挖，割去茎叶、芦头，分级鲜售。或洗净后趁鲜用竹片或玻璃片刮净外皮，晒干（烘干）待售。桔梗一般亩产量为320~360千克。

第五节　黄芩有机旱作栽培技术

黄芪，别名黄金条根、山茶根、黄芩茶等，以干燥根入药。主产于我国西北、东北各省（区）。黄芩野生于山地阳坡、草坡、林缘、路边等处。喜温暖气候，耐严寒，地下根可忍受-30 ℃低温，耐旱。对土壤要求不严，一般土壤就可种植，但以壤土和砂质壤土为好。黄芩怕涝，排水不良的地块不宜种植。忌连作。

黄芩在甘肃、宁夏种植主要分育苗、良种繁育、大田生产3个生产环节。育苗以培育健壮种苗为目的，良种繁育以繁殖优良种子为目的，大田生产以黄芩优质高产为目的。育苗、良种繁育、大田生产是黄芩生产栽培的不同阶段，其本质是有机统一的。它们的种植操作规程既有共同之处，又因种植目的不同而有区别，这里主要介绍陇西黄芩育苗、良种繁育、大田生产操作规程。

黄芩种植多采取当年春季育苗，翌年春季移栽、夏季采收种子、秋季采挖根茎的方法。

一、育苗

（一）选地

黄芩虽为耐旱作物，但是发芽期需水较多，应选择墒情好、土层深厚、疏松、排水良好、中性或微碱性砂质壤土地块。避免与唇形科作物轮作，忌连茬重作。

（二）整地施肥

将土壤耙细整平，多雨易涝地应做高畦。耕翻整地时每亩施充分腐熟细碎的农家肥 2 500 千克、尿素 7.5 千克、过磷酸钙 20 千克。

（三）选种

选择无杂质、籽粒饱满、无霉变、无虫蛀和未经农药处理的新种子。

（四）育苗时间

育苗可分秋季和春季育苗，秋季在 8—9 月，春季在 4—5 月。多采用春季育苗。

（五）育苗方式

育苗分地膜覆盖、撒播和借土育苗 3 种方式。

1. 地膜覆盖

多用 120 厘米宽的地膜，平垄，垄面 100 厘米，垄沟 25 厘米。地膜覆好后，在膜面上用点播器或烟筒拐打穴眼，穴眼深 0.5~0.6 厘米，穴距 3~4 厘米，一般 1 垄种 6 行（具体操作时按打的眼大小来定，打眼器直径小于 10 厘米时可种 7 行）。穴眼打好后，均匀地撒 20~25 粒种子，覆少量土盖住种子，再覆少量细沙即可。播后 15 天左右出苗，亩播量 5 千克。此法投资稍大，但出苗有保证，且苗齐苗匀。

2. 撒播

先将种子撒在耙耱平的地表，用犁将地表划破，使种子入土 0.5 厘米，再耱平、镇压实。播后 30～40 天左右出苗，亩播量 6 千克。此法省事，但浮籽较多，春旱时出苗没有保证。

3. 借土育苗

将地整好后，先在地边用平铁锨将地表 1 厘米左右的土铲去，再撒上种子，然后再挨着前一行铲土覆盖到前一行的种子上，以此类推种完整块地。播后 30 天左右出苗，亩播种量 6 千克。此法费工，但无浮籽，且苗齐苗匀。

（六）田间管理

1. 除草

黄芩苗出齐后即可进行第一次除草松土。这时苗小根浅，应以浅除为主，切勿过深，特别是整地质量差的地块，除草过深土壤透风宜干旱，常造成小苗死亡。以后除草次数按田间草情而定，一般不少于 3 次。

2. 疏苗定苗

一般在苗高 6～10 厘米时进行疏苗，当苗高 15～20 厘米时定苗。

3. 追肥

追肥视苗情而定，土壤肥力差可追施 1 次。在定苗后亩追施尿素 4～5 千克。

4. 灌溉

黄芩不同生育时期受湿度影响不同。出苗期需要较充足的水分，土壤湿度不足会影响黄芩发芽，但苗出齐后，耐旱能力较强，一般情况下在育苗前灌足底水即可，出苗后不浇水。

5. 挖苗

挖苗最好在苗萌发前，一般在 2 月下旬至 3 月上旬，在适宜采挖期内应适当早挖。挖苗时苗地要潮湿松软，以确保苗体完整。采挖先从地边开始，然后逐渐向里挖。挖出的种苗要及时覆盖或假植于湿土中，以防失水。最后将苗分级扎成 10 厘米的带土小把，运往异地定植。

二、移栽

移栽适用于良种繁育和大田生产。

（一）选地

应选择土层深厚、地势平坦、土质疏松，透水透气性良好的黄绵土、黑垆土、黑麻垆土，土壤 pH 值在 7.5~8.2。大田生产可在川水地、旱台地、坡旱地种植。

（二）整地

前茬作物收获后进行整地，旱地一般翻 2 次，最后一次以秋季为好，一般耕深 30 厘米以上。结合翻地施入基肥，每亩施农家肥 4 000 千克左右、磷酸二铵 20 千克左右。然后耙细整平。春季翻地要注意土壤保墒。

（三）移栽

应选择健壮、头梢完整、根条均匀的优质黄芩苗。移栽适期为 3 月中旬至 4 月中旬，在适宜栽植期内应适当早栽。行距 15 厘米，株距 10 厘米，栽植量需中等幼苗约 30 千克/亩。

（四）定植方法

用铁锨开沟，沟深 10 厘米左右，然后将苗按株距斜摆在沟壁上，倾斜度为 45°，接着按行距重复开沟摆苗，并用后排开沟土壤覆盖前排药苗，苗头覆土厚度 2~3 厘米。为了保墒，要求边开沟，边摆苗、覆土、耙磨。也可用犁开沟移栽，行距与铁锨开沟的相同，犁开的沟较浅，药苗可头尾相接平放在沟中。

（五）田间管理

1. 中耕除草

苗出齐后即可除草松土。一般除草不少于 2 次。

2. 追肥

追肥一般结合降雨进行。主要追施无机肥，一般追肥 2 次，时间为 6—8 月，每次追施尿素 5 千克/亩。

3. 摘蕾、去杂去劣

摘蕾可防止地上部分徒长，如不收种子则割去花枝，减少养分的消耗，促使根部生长，提高产量。具体操作视田间长势随时进行，一般在 6 月黄芩现蕾初期将花蕾摘除。去杂去劣是良种繁育田在定植后 1~2 年的生育期间，通过茎、叶、花区别去除杂株，以保证种子纯度。通过植株长势观察去除弱病株，以确保种子品质。

（六）采种

黄芩花期长达 3 个月，种子成熟期不一致，又易脱落，故需随熟随采，最后连果枝割下，晒干打下种子，去净杂质备用。

（七）病虫害防治

黄芩病虫害较轻，主要病害有叶枯病，为害叶片，从叶尖或叶缘向内延伸，呈不规则黑褐色病斑迅速蔓延，致叶片枯死。高温多雨季节发病重。用 50%多菌灵可湿性粉剂 1 000 倍液喷雾防治，每隔 7~10 天喷药 1 次，连续喷 2~3 次。

三、采收加工

（一）采收

霜降前将茎蔓割掉，10 月下旬至 11 月上旬，用长 35 厘米的铁锹轻挖，尽量保全根，严防伤皮断根，挖出后散置地面晾晒，天黑前，按根直径分类，分别装袋。

（二）产地初加工

将收获的黄芩放在平坦、干净的晒场上，摊晒2~3天，当晒至发软时，将黄芩按直径分成特等、一等、二等。芦头下1厘米处量直径，直径1厘米以上的为特等；直径0.6厘米以上的为一等；直径0.6厘米以下的为二等。黄芩的原药材加工产品有柳叶片、圆片和瓜子片3种。特等品大多加工成柳叶片，即将药根斜切成长3~10厘米、厚0.1厘米的薄片。一等品大多加工成圆片，即将药根横切成厚0.2~0.3厘米的薄片。二等品大多加工成瓜子片，即将药根切片时稍带斜度，切成长2厘米左右、厚0.1厘米左右的瓜子片。

不加工的黄芩晾晒至七八成干时，将已分级的黄芩用橡皮筋捆成小把，以每把重1~2千克为宜，一手握住根头，一手向下揉搓数次，然后置木板上反复压搓，继续晾干。

一般亩产干货150~200千克。

第六节　金银花有机旱作栽培技术

金银花又称双花、忍冬，是忍冬科忍冬属植物，其花藤均可入药，属国家管理的二类名贵中药材。金银花为多年生藤本缠绕灌木，全国各地均可栽培，种植简单，易栽易活易管理，栽植当年即可收获，一年栽种，受益几十年，金银花不与其他作物争土地，耐涝耐旱，耐热耐寒，种植在盐碱沙地、山岭薄地、土丘荒坡、路旁地堰、河边堤岸，均可生长旺盛。尤其是种植在山丘荒坡、路旁地堰，不仅能获得可观的经济收入，而且能保持水土、绿化环境。

一、栽种时间和方法

春、秋两季定植均可，按株行距 130 厘米×160 厘米挖穴，深 30 厘米，穴内铺一层底肥后盖一层细土，然后每穴栽 4 株，覆土后适当压紧，浇透定根水即可。

二、田间管理

（一）松土除草

保持花墩周围无杂草，每年春初地面解冻后和秋冬地冻前进行松土和培土。

（二）追肥

每年早春、初冬，结合松土除草，在花墩周围开环状沟，每墩施入土杂肥 5 千克、复合肥 200 克，然后于根际培土 5 厘米。适时适量追肥是提高金银花产量的重要措施。

（三）修剪

入冬或初春，将衰老的干枝、沿地蔓生的衰老干枝、过密枝、徒长枝剪掉，以利于养分集中生长花枝。对未修过的老花墩，可于收花后距地面 20 厘米处剪去全部枝条，让其重生嫩条，形成新花枝。

（四）病虫害防治

金银花多发生蚜虫、白粉病。对蚜虫用 20%啶虫脒可湿性粉剂 8 克/亩喷雾防治。对白粉病用 75%百菌清可湿性粉剂 800 倍液喷施。

三、采收加工

（一）采收

金银花开放时间集中，大约 15 天。适时采摘是提高产量和品质的关键。一般在 5 月中下旬采摘第一茬花。一个月后陆续采摘二、三茬。其方法是在花蕾尚未开放之前，先外后内、自下而上进行采摘，否则 16: 00—17: 00 花蕾将开放，影响品质。但也不能过早采摘，否则花蕾嫩小且呈青绿色，产量低，品质差。

（二）加工

将采回的鲜花用手均匀地撒在苇席或打扫干净的场地上晾晒，不宜翻动，晾晒至八成干时即可堆积。

第六章 有机旱作农业典型案例

案例1 小麦“缩垄增行”优质高效模式

一、概述

呼伦贝尔农垦作为我国春小麦的重要粮食生产基地，气温低，作物生长季较短，也是典型的缺水地区，为解决这一瓶颈，充分挖掘强筋小麦优势生产提质增产潜力，当地在多年示范基础上形成了以“缩垄增行精量播种技术、大型机械化保护性耕作技术、预留作业道技术、测土配方平衡施肥技术、氮肥后移技术、智能高效节水灌溉技术”为重点的呼伦贝尔农垦强筋小麦绿色优质高效种植技术模式，年应用面积达100万亩以上。

二、主要做法

一是缩垄增行精量播种技术，平播机行距从15厘米改成13.8厘米，免耕机幅宽从17.5厘米改成15厘米，合理密植，调整和优化群体结构。

二是预留作业道技术，通过播种时预留的后期田间管理机械作业道，避免田间管理机车作业碾压作物，达到节种节肥、降低病害的效果。

三是测土配方平衡施肥技术，通过播种前对土壤进行检测，根据土壤养分含量状况，结合小麦需肥情况，建立小麦需肥模型，按需供肥。

四是氮肥后移技术，通过播种时减少部分氮肥的施用，移到作物出苗期进行追施，提高肥料的利用率，有效增加千粒重，提高小麦商品品质指标。

三、主要成效

该模式亩产提高 18.5~25 千克，按照小麦 2.6 元/千克计算，亩增产值达 48.1~65 元。土地利用率提高约 13%，使种子分布更加均匀，有效降低根腐病等多种病害，同时防风能力也得到很大提升。

案例 2　玉米“梯田双垄全膜沟播”模式

一、概述

甘肃省会宁县丁家沟项目区总面积为 45.8 千米^2，涉及丁沟乡的荔峡、窑沟、金滩、漫湾、梁庄 5 个村 29 个生产小组，农业户数为 1 422 户，农业人口为 6 826 人，人口密度为 149 人/千米^2。农业人均产值为 2 678 元，农民人均纯收入 1 960 元，农业人均产粮 353 千克。干旱和水土流失是影响项目区农业生产的主要矛盾，十年九旱，年降水量仅 400 毫米；水土流失面积为 45.81 千米^2。

二、主要做法

在工程实施过程中，针对干旱、水土流失问题，探索出了玉米“梯田双垄全膜沟播”的旱作农业模式。

（1）梯田。在距离村庄较近、交通方便的 5°~15°坡耕地上，兴修保水、保土、保肥的水平梯田，做到田面平、地埂实、表土还原、有利机耕。

（2）双垄。在深耕灭茬的基础上，当年秋季或翌年春季墒情较好时进行起垄，大垄宽 70 厘米、高 10 厘米；小垄宽 40 厘米、高 15 厘米。大、小垄相间。

（3）全膜。整地起垄后，用宽 120 厘米、厚 0.008 毫米的超薄地膜，全地面覆膜。膜与膜间不留空隙，两幅膜相接处在大垄的中间，用下一垄沟或大垄垄面的表土压住地膜，覆膜时地膜与垄面、垄沟贴紧。每隔 2~3 米横压土腰带，防止大风揭膜，拦截垄沟内的降水径流。覆膜后，在垄沟内每隔 50 厘米处打一直径 3 毫米的渗水孔，使雨水入渗。

（4）沟播玉米。在 4 月中下旬开始播种，用玉米点播器按规定的株距将破膜种子穴播在沟内。种植密度以 4 000~4 500 株/亩为宜，株距为 27~30 厘米，每穴下籽 1~2 粒，播深 3~5 厘米。点播后用细砂或牲畜圈粪、草木灰等疏松物封播种孔，防止板结影响出苗。

玉米"梯田双垄全膜沟播"模式将"覆盖抑蒸、膜面积雨、沟垄种植"3 项技术融为一体，提高了土壤水分含量和土壤温度，为玉米丰收创造了良好的条件。

三、主要成效

项目区新增梯田 2 万亩，发展双垄全膜沟播玉米 1 万亩，发挥了显著的生态效益和经济效益。据监测，项目区水土流失治理程度提高到 70.81%，年土壤侵蚀量由原来的 25.65 万吨减少到 16.65 万吨；同时，增加蓄水能力 33.17 万米^3。

工程建设解决了项目区的粮食问题，促进了畜牧业的发展。据实测，双垄全膜沟播玉米亩产可达 603.5 千克，较半膜平铺种植增加 145 千克，增产 31.6%。项目区新增的双垄全膜沟播玉米 1 万亩，可增产 145 万千克，人均增产 212 千克，按当地市场价格 2 元/千克计算，人均增加农业收入 424 元。同时，亩产秸秆 3 000 千克以上，带动了养殖业的快速发展。

案例3　大豆“大垄高台”技术模式

一、概述

大豆是阿荣旗的主栽作物，全旗各乡镇、农场、林场均有种植，种植面积稳定在 200 万亩左右。针对阿荣旗地区春季干旱、抓苗难，秋季雨水大、排涝难等问题，2015 年阿荣旗引进大豆“大垄高台”技术，并结合阿荣旗生产实际，在多年的试验示范基础上改进形成适宜于阿荣旗实际的 110 厘米大垄高台垄上两（三）行技术模式，年应用面积达 50 万亩以上。

二、主要做法

一是因地制宜，筛选品种。筛选适宜大垄高台密植的抗倒伏、优质、高产、抗病、适于机械化应用的黑河 43、蒙豆 1137、东农 48、蒙豆 13、登科 15、中黄 901、东生 17、登科 4 等大豆品种。

二是整合项目，聚焦重点。以耕地轮作、黑土地保护与利用、绿色高产高效行动等项目为依托，重点聚焦集中连片适用于大型机械作业的地块推广大豆“大垄高台”技术模式。

三是金融支持，壮大主体。由政府牵线搭台，采取财政补助资金与农业信贷担保、银行贷款的“政银担保”“财政直补资金担保+贷款对象”方式，与多家金融企业合作，为经营主体规模化购买及引进先进配套农业机械设备贷款。

四是引进农机，保障到位。通过组建、引进大型农机专业合作社55家，引进大型配套先进农机具570台，保障“大垄高台”技术措施到位率达到100%。

五是多方宣传，扩大影响。召开现场观摩会，通过比差距、算效益，与农民深入交流探讨大豆“大垄高台”技术，提高大豆“大垄高台”技术应用率。

三、主要成效

和常规大豆垄三栽培技术相比，应用大豆“大垄高台”技术模式亩产可达165千克以上，比垄三栽培亩增产15千克以上，增产率达10%以上，水分、肥料利用率提高10%以上，化肥、农药用量降低5%以上，亩节本10元以上。按大豆市场价5.2元/千克计算，亩增收78元以上，亩节本增效可达88元以上。

案例4　马铃薯“全膜双垄集雨”模式

一、概述

青海省同仁市2011年项目区涉及黄乃亥、牙浪、保安和曲库乎4个乡（镇）7个行政村，总人口为5 384人，其中藏族占99.7%；总面积为168.89千米^2，耕地面积为18 726.38亩，其中坡耕地15 547.38亩，占耕地面积的83%；人均耕地为3.48亩，其中人均基本农田仅0.59亩；粮食亩产为100千克左右，农民年均纯收入2 587元。项目区地处高原气候区域，海拔2 500~3 000米，年均气温为5.25 ℃，年降水量为388.7毫米。

二、主要做法

项目区干旱少雨，又缺乏灌溉条件，极大地制约了农业生产，为提高坡改梯实效，同仁市积极引进、推广马铃薯“全膜双垄集雨”的梯田旱作农业模式。其做法如下。

（1）地块选择。在新修的1.25万亩梯田中，就村、就路、就缓，选择土层深厚、土质疏松、肥力中上的地块2 800亩，推广应用马铃薯“全膜双垄集雨”种植技术。

（2）施足底肥。起垄前施足底肥，每亩一般施优质农家肥1.5米^3、尿素25千克、磷肥50千克、磷酸钾20千克。也可施马铃薯专用肥，每亩一般40千克。

（3）划行起垄。划行：马铃薯每幅垄为大小间隔的两行垄，大垄宽70厘米、高15厘米，小垄宽40厘米、高10厘米。每幅垄宽110厘米。据此按种植走向画线。起垄：用步犁开沟起垄。沿大垄线来回向中间翻耕起大垄，将起垄时的犁臂落土用手耙刮至小垄中间形成垄面，用整形器整理垄面，使垄面隆起。

（4）覆膜。3月中上旬土壤消冻15厘米时为最佳起垄覆膜时间。要求起垄、消毒、覆膜连续作业，以防土壤水分散失。覆盖地膜1周后，在沟中间每隔50厘米打一直径3毫米的渗水孔，使垄沟的集雨入渗。地膜以厚度0.008~0.010毫米、宽120~130厘米为宜。覆设地膜必须拉展铺平、压紧压实。

（5）播种。在大垄两侧用马铃薯点播器破膜点播，株、行距均为35~40厘米，播种深度为18~20厘米，点播后及时封口。

三、主要成效

（1）经济效益。坡耕地改成水平梯田后，可以采用“全膜双垄集雨”模式种植马铃薯，亩产可达2 400千克，较一般种植增产800千克，保守估计，亩均增收700元。项目区种植的2 800亩全膜双垄集雨马铃薯，可增收196万元。

（2）社会效益。采用全膜双垄集雨旱作农业技术，可以起到示范、辐射、带动作用。同时，可以帮助农民增强接受新技术、新事物和发展农业的能力，对促进经济发展、维护民族团结、保持社会稳定起到一定作用。

（3）生态效益。梯田马铃薯“全膜双垄集雨”模式的实施，提高了土壤的抗旱保墒能力，每平方千米水土流失减少 2 000 吨以上，使项目区生态环境进一步趋于良性循环。

案例 5　高粱“全膜覆盖双垄沟播”高产模式

一、概述

乌兰察布市光照充足、昼夜温差大，非常适宜生育期短、耐瘠薄、营养成分特殊的高粱种植。但因旱地面积大、缺水严重，农户主要采取广种薄收的方式，为解决水粮矛盾，积极探索示范推广高粱“全膜覆盖双垄沟播”高产栽培技术模式。

二、主要做法

一是技术创新层面。选择抗旱性强、抗逆性强的凤杂、敖杂等高产优质品种；亩施优质腐熟农家肥 1 500~2 000 千克，有利于改善土壤理化性质，提高土壤肥力，采用覆膜机进行播种，使用加厚地膜，播种深度 4~5 厘米，机械覆膜施肥能够保墒提温。

二是宣传引导方面。针对高粱“全膜覆盖双垄沟播”高产栽培技术，积极开展试验示范，在关键农时季节，及时开展现场观摩、集中培训、巡回指导等工作，帮助广大杂粮种植户解决实际问题，通过农技人员现身说法，动手示范，做给农民看、带着农民干，加速科技进村入户。

三是工作机制创新方面。积极鼓励新型经营主体积极参与，明确采取技术模式、技术路线、技术内容，指派技术人员深入一线精准指导，助力技术推广。

三、主要成效

该模式平均亩产 350 千克，较半膜覆盖亩均增产 30%左右，农民人均收入亩均纯收益增加 200～300 元。同时，全膜双垄沟播具有增温、保水、保肥、改善土壤理化性质、提高土壤肥力、抑制杂草生长、减轻病害的作用。更重要的是具有将无效降雨集中收集变为有效降雨、小雨变中大雨的功能，在连续降雨的情况下还有降低湿度的功能。

案例 6　谷子“全膜覆盖沟播”栽培模式

一、概述

赤峰市林西县谷子种植面积 7.69 万亩，产量达到 0.275 亿千克。但降雨不均和多变的气候影响旱作谷子增产，为了提高本地区旱作谷子产量和品质，创新集成推广“全膜覆盖沟播”旱地谷子栽培技术模式。

二、主要做法

一是遴选抗旱品种和新型地膜。依据本地气候特点，选择适合的抗旱、抗逆性强的张杂 13 等品种，并进行播前处理；在地膜选择方面，推广加厚地膜，重点推广厚度大于 0.01 毫米的黑色地膜，幅宽在 120～130 厘米，采用“全膜覆盖沟播”技术种植谷子，有效收集降雨，提升利用率。

二是采用标准化技术种植。播期选择 4 月下旬至 5 月上旬，每亩播量 0.2~0.3 千克。采用大小垄种植，大垄宽 80 厘米，小垄宽 40 厘米，穴距 16 厘米，每亩播种 0.75 万~0.8 万穴，每穴 2~3 株，保苗 1.5 万~2.4 万株，施肥采用 $N:P_2O_5:K_2O=15:15:15$ 配方，亩用量 37 千克，拔节期每亩追施尿素 2~5 千克。

三是开展精准化防控技术。播种后及时检查出苗情况，如遇错位、板结时，应及时放苗，弱苗、枯心苗要及时拔除。谷子出苗后，发现粟叶甲为害时，及时用 8%丁硫·啶虫脒乳油 1 500 倍液，或用 2.5%溴氰菊酯乳油 2 500倍液进行防治。

三、主要成效

该模式谷子平均亩增产约 40 千克，经济收入增加约 20%。且能够有效集聚降雨，克服干旱增产制约。

案例 7　燕麦“精量条播”高产模式

一、概述

乌兰察布市燕麦产业已形成引、育、繁、推、加、销、贮的产业链格局。但由于该地区燕麦种植科技水平低、栽培模式落后等原因，燕麦产量难以大幅提升，为解决瓶颈，积极推广旱作“精量条播”高产栽培技术模式。

二、主要做法

一是技术创新层面。农家用种变市场良种。积极推介农户使用抗旱性强、抗逆性强的良种，增加作物性状稳定性，改变农户留种种植习惯。人工播种变机械条播。采用机械播种，行距 25 厘米，深度以 3~5 厘米为宜，防止重播、漏播，下种深浅一致，避免了人工带来的深浅不一，促进了苗齐苗匀苗壮。粗放用种变精量点播。每亩播种量为10~15千克，亩保苗24万~30万株，实现精量播种，既保证群体数量，又保证了个体空间，为高产打牢基础。

二是宣传引导方面。依托看禾选种平台等项目，适时组织开展各种形式的现场观摩、推介，邀请有关专家进行现场技术培训，组织企业、农技人员、种植大户、农业新型经营主体等进行观摩。

三是工作机制创新方面。为促进燕麦产业高质高效发展，印发《乌兰察布市燕麦产业提升行动方案》，明确责任分工，鼓励支持各类新型经营主体采取“龙头企业+合作社+农户”“合作社+农户”等组织形式，通过订单生产、股份合作等方式，延长产业链、保障供应链、完善利益链。

四是“部门行为”上升为“政府推动”。燕麦产业作为全市的主导产业，乌兰察布市委、市政府高度重视，并提出“为工而农、为养而种、粮饲兼顾”的发展思路，同时要求结合自治区推进“五大任务”把燕麦做强做大。

三、主要成效

燕麦新品种及配套栽培技术的应用，使得燕麦单产较常规品种亩均产75千克的基础上增产10%，农民人均收入亩均新增纯收益20~30元，同时可以节约地下水资源，大幅度减少农药化肥使用量。

案例8　油菜“宽膜沟播”栽培模式

一、概述

固阳县属于典型的旱作农业区，油菜单产低且不稳定。针对这些问题，包头市立足“提温、保墒、集雨、调整播期、降本增效”5 项措施，集成推广了油菜“宽膜沟播”栽培技术，实现了抗旱、增产、增收的良好效果。

二、主要做法

一是开沟探墒，精准播种。开沟器开沟至播种位，湿土层墒情好，有利于出苗。

二是集水保墒，高效节水。开沟与未开沟处、穴播位与非穴播位形成高度差，两次高度差可以有效将落于膜上的自然降水汇集并流入穴孔，相较于非沟穴种植，自然降水利用率提高 3 倍。

三是吸热保温，绿色除草。黑色宽膜可有效吸收太阳光热，提高地温，增加种子发芽率，保障作物生长所需热能。

四是提前播种，抢占墒情。通过黑膜吸热使表层土升温达到发芽温度，提前进行播种，有效抢占墒情，错峰播种也可有效缓解保苗水的灌溉压力。

三、主要成效

固阳县 2022 年油菜宽膜沟播试验示范田产量达 187 千克/亩以上，比农户传统种植方式增产达 36%，2023 年油菜宽膜沟播试验示范产量预计达 150 千克/亩以上，比农户传统种植方式增产 42%，增产创收 220 元/亩。该模式破解了困扰旱作农业降水利用率低、有效积温低、可选作物品种少的难题，有利于农业产业结构调整，有利于实施“四控”行动，能够达到有效节水 30%、节肥 10%、节药 30%。

参考文献

常富德，曹学海，杨瑞霞，2015. 旱作农业栽培实用技术［M］. 银川：阳光出版社.

程满金，郑大玮，马兰忠，等，2009. 北方半干旱黄土丘陵区集雨补灌旱作节水农业技术［M］. 郑州：黄河水利出版社.

金彦兆，周录文，唐小娟，等，2017. 农村雨水集蓄利用理论技术与实践［M］. 北京：中国水利水电出版社.

李城德，赵贵宾，2016. 旱作农业生产技术［M］. 兰州：甘肃科学技术出版社.

李锦平，2007. 旱作农业种植新技术［M］. 银川：宁夏人民出版社.

王佛生，邓芸，张成，等，2012. 旱作农业基础教程［M］. 杨凌：西北农林科技大学出版社.